扫码看视频·轻松学诊断

SHUCAI BINGHAI
ZHENDUAN
SHOUJI

蔬菜病害

第2版

诊断手记

李宝聚 编著

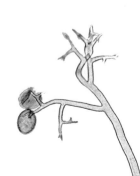

中国农业出版社
北京

图书在版编目（CIP）数据

蔬菜病害诊断手记/李宝聚编著．—2版．—北京：
中国农业出版社，2021.1
    ISBN 978-7-109-27495-2

    Ⅰ．①蔬… Ⅱ．①李… Ⅲ．①蔬菜－病虫害防治
Ⅳ．①S436.3

中国版本图书馆CIP数据核字（2020）第204440号

中国农业出版社出版
地址：北京市朝阳区麦子店街18号楼
邮编：100125
责任编辑：郭晨茜　国　圆　孟令洋
版式设计：王　晨　　责任校对：吴丽婷　　责任印制：王　宏
印刷：北京中科印刷有限公司
版次：2021年1月第1版
印次：2021年1月北京第1次印刷
发行：新华书店北京发行所
开本：700mm×1000mm　1/16
印张：16.5
字数：400千字
定价：80.00元

前言
PREFACE

　　蔬菜是重要的农产品和民生产品，近年来全国蔬菜种植面积稳定在3亿亩左右，产量7亿吨以上，产值2万亿元，市场供给充裕，品种日益丰富，为保证城乡人民生活需要、促进农民增收致富发挥了重要作用。

　　由于蔬菜的比较效益较高，菜农对化肥农药投入积极性高，促进了产量水平的提高，但同时也带来了过量和不合理施用问题。化肥农药施用过多、安全风险高等问题已经成为蔬菜产业可持续发展的瓶颈。

　　自2014年《蔬菜病害诊断手记》出版以来，深受一线技术人员、菜农与农资经销商的欢迎，在促进我国蔬菜种植区病害诊断与科学防控方面，起到了积极的作用。但我国蔬菜种类多，栽培形式复杂多样，生产上不断出现一些新的问题，发生一些新的病害或新成灾病害，针对这些新问题，所采取的防控理念、技术方法、所用药剂和器械也发生了新变化，特别是"十三五"以来，更加重视蔬菜绿色生产的问题，通过实施"十三五"国家重点研发计划项目"化学肥料和农药减施增效综合技术研发"，形成了大量的绿色防控新技术、新产品，以及随着科学研究的进步，对一些病害的病原菌、发生规律等都有了新的认识，也登记了一些新的农药产品，重点是生物农药产品。基于此，迫切需要对《蔬菜病害诊断手记》进行修订、再版，以便给读者提供更多的新知识，为我国蔬菜的绿色生产提供一定的支撑。

《蔬菜病害诊断手记》第2版是对第1版内容的更新、补充、修改和完善，在介绍病害种类方面，更新了40%以上的蔬菜病害种类，增加了近几年发生严重的番茄黄化曲叶病毒病、番茄褪绿病毒病、茄子紫花病毒病、黄瓜花叶病毒病等病害；病原、发生规律、防治药剂等方面都采用了最新研究成果，特别是编著者主持的"十三五"国家重点研发计划项目"化学肥料和农药减施增效综合技术研发"的研究成果。

我国蔬菜种类与品种繁多，病原种类复杂，加之编著者的知识水平有限，书中不足和疏漏在所难免，恳请读者批评指正。

李宝聚

邮箱：libaoju@caas.cn

中国农业科学院蔬菜花卉研究所

2020年5月

目　录

CONTENTS

草莓病害 ……………………………………………………… 225

病害诊断与防控新技术 ……………………………………… 235

茄果类蔬菜病害

QIEGUOLEI SHUCAI BINGHAI

番 茄 病 害

不怕苦，不怕累，就怕"番茄晚疫"来势凶

冬季来临，雨雪天气增多，突变的天气给蔬菜管理带来了严峻的考验，尤其是连阴天形成的低温高湿环境给晚疫病的发展和流行提供了有利条件。番茄晚疫病是一种多次重复侵染的流行性病害，如果防治不及时，短短几天就可造成全棚番茄大面积感病，甚至全棚毁掉。

番茄晚疫病是一种世界性分布的毁灭性病害。随着保护地的发展，北京、山西、云南、贵州、山东、陕西、河南、河北等省（直辖市）番茄晚疫病已成为周年发生的病害，严重威胁着番茄产业的发展。番茄晚疫病病菌喜低温高湿环境，冬春季保护地栽培中发生相对严重。

1 番茄晚疫病症状识别

番茄晚疫病在番茄的整个生育期均可发生，幼苗、叶、茎、果实均能发病。

1.1 幼苗发病

初期叶片产生暗绿色水渍状病斑（彩图1），并逐渐向主茎蔓延，使茎秆变细呈水渍状缢缩，最后整株萎蔫或折倒，湿度大时病部表面着生白色霉层（彩图2）。

1.2 叶片发病

多从植株中下部叶尖或叶缘（彩图3）开始，逐渐向上部叶片和果实蔓延。初期为暗绿色不规则水渍状病斑，病健交界处无明显界限（彩图4）。空气湿度较大时，病斑会迅速扩展，叶背边缘可见一层白色霉层（彩图5）。空气干燥时病斑浅褐色，继而变暗褐色后干枯（彩图6）。

1.3 茎秆发病

茎秆发病，初呈水渍状斑点，渐呈暗褐色或黑褐色腐败状，病茎部组织变软（彩图7），水分供应受阻，严重的病部折断，植株萎蔫。

彩图1　幼苗叶片产生水渍状病斑

彩图2　茎秆产生水渍状缢缩

彩图3　叶缘被害状

彩图4　叶片产生水渍状病斑

彩图5　叶片被害产生白色霉层

彩图6　干燥时病斑浅褐色

1.4 果实发病

果实染病多发生在青果期，发病部位多从近果柄处开始，初期为油浸状浅褐色斑，逐渐蔓延，引起萼片发病，并向果实四周扩展呈云纹状不规则病斑，病斑边缘没有明显界限，发病果实的病部表面粗糙，果肉质地坚硬，扩展后病斑呈暗棕褐色，湿度大时整个病部产生浓密白色霉层（彩图8）。

番茄晚疫病在整个生育期均可发生，发病时如果气温升高、湿度降低，则病斑停止扩展，病部产生的白色霉层消失，病组织干枯，质脆易碎。

 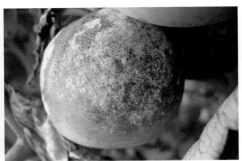

彩图7　茎秆产生水渍状黑褐色斑　　　彩图8　果实被害后产生白色霉层

2　番茄晚疫病病原菌

2.1　病原菌生物学特点

番茄晚疫病是由卵菌门卵菌纲霜霉科疫霉属的致病疫霉菌 [*Phytophthora infestans*（Mont.）de Bary] 引起的病害。

菌丝有分枝，无色，无隔；病菌孢囊梗成束从病组织孔口长出，向上生长顶端膨大形成孢子囊，随着孢囊梗生长，孢子囊变为侧生（彩图9）。孢子囊椭圆形或长卵形，大小（21.0 ~ 28.5）微米×（16.0 ~ 24.0）微米，顶部有一乳头状突起，不明显，基部具短柄（大小0.04 ~ 0.06微米），孢子囊可产生8 ~ 12个肾形游动孢子。游动孢子具2根鞭毛，失去鞭毛后变成休止孢子。

番茄晚疫病病菌有性生殖

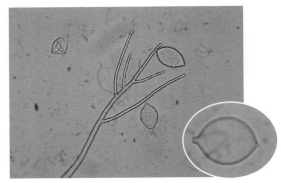

彩图9　致病疫霉孢子囊侧生

方式为异宗配合，有A1和A2两种交配型，两种交配型可产生卵孢子，直径16～30微米。

病原菌菌丝发育适温为24℃，孢子囊在温度18～22℃、相对湿度100%时3～10小时成熟。病原菌寄主范围较窄，主要侵染马铃薯、番茄等50多种茄科植物。

2.2 病原菌生理小种分化

番茄晚疫病病菌的生理分化复杂，不同的生态环境均可能造成生理小种的变化，随着病原菌的变异，导致其毒性、侵染力和寄主范围等改变。我国番茄晚疫病病菌生理小种主要包括T_0、T_1、$T_{1,2}$、T_3、$T_{1,2,3}$、$T_{1,4}$、$T_{1,2,4}$和$T_{1,2,3,4}$，其中，T_1和$T_{1,2}$是主流小种。番茄晚疫病菌生理小种变异频繁，新的种群不断出现，群体有性重组机会增加，导致番茄品种抗性丧失速度加快。

3 番茄晚疫病发病规律

番茄晚疫病病菌以菌丝体在田间或染病的番茄、马铃薯活体内越冬，也可以薄壁孢子、厚垣孢子和卵孢子在土壤中越冬。北方地区则主要在染病的马铃薯块茎内或保护地的番茄病株上越冬。孢子囊通过风雨或气流传播，在适宜的条件下萌发产生游动孢子，游动孢子休止后又萌发长出芽管，从叶片或茎的伤口、皮孔侵入，条件适宜时3～4天发病，产生大量新的孢子囊，借气流或雨水传播到番茄植株上，从气孔或表皮直接侵入，在田间形成中心病株，传播后频繁再侵染。

病菌喜低温高湿环境，通常昼夜温差大、早晚冷凉（10～13℃）、白天温暖（22～24℃），空气相对湿度超过80%，适宜孢子囊萌发、侵染和新孢子囊的产生，容易造成病害的流行。据研究，病原菌在5～35℃温度范围内都能成功侵染，病原菌在20℃时侵染最快，温度过高（35℃）和过低（5℃）都不利于病原菌的侵染。病害潜育期通常为2～3天；变温试验发现25℃/15℃（昼/夜）下发病最重。北方温室大棚春冬季栽培，低温、高湿、光照不足、通风不良、种植密度大等因素导致番茄晚疫病发病较重。露地栽培，在连续阴雨天气、光照不足、气温偏低时发生较重。

4 番茄晚疫病综合防治技术

4.1 抗病育种

选育抗病品种是防治番茄晚疫病的理想方法，目前国内主栽品种中没有抗番茄晚疫病的品种。野生番茄是抗晚疫病的重要种质资源，野生多毛番茄的叶片和果实对晚疫病表现免疫，而秘鲁番茄果实对晚疫病表现免疫。目前亚洲蔬菜研究发展中心的抗晚疫病番茄野生资源有L3707、L3708、L3683、L3684、W. Va700、TS33和LA1033，分别对不同的生理小种表现免疫，可成为抗病育种研究的重要材料。

4.2 生态及农业栽培措施调控

（1）调节保护地生态条件　番茄晚疫病属于低温高湿病害，可以通过控制棚室中的温、湿度来缩短结露时间，预防晚疫病的发生。在冬春季栽培中，当昼夜温差为10 ~ 25℃、湿度为75% ~ 90%，有利于番茄晚疫病发生时，可采取放风降湿、提高温度的方法防止病害发生。一般于晴天上午温度上升到28 ~ 30℃时开始放风，保持温度在22 ~ 25℃，以利于降湿；当温度降到20℃时应及时关闭通风口，以保证夜温在15℃以上，减少结露量和缩短结露时间。

（2）合理管理防治　在番茄设施栽培中，合理管理，及时清除棚室内病残体，减少初始菌源量，能够有效地控制番茄晚疫病流行，降低经济损失。发病初期摘除病叶、病果，摘除时可用塑料袋罩住病残体，以防止病原菌飞散造成再次侵染，同时结合化学防治，可以取得较好的防治效果。

（3）改善农业栽培措施　移栽后采用覆膜、膜下滴灌的栽培方式，以降低湿度，增加地温，阻止土壤中病原菌的传播。

4.3 药剂防治

番茄晚疫病的防治主要依靠化学农药，目前防治晚疫病的杀菌剂和施药方法主要有：

（1）涂抹法防治　多用于叶柄和茎秆受侵染发病的情况。当叶柄和茎秆感染晚疫病后，可用72%霜脲·锰锌可湿性粉剂150倍液或58%甲霜·锰锌可湿性粉剂150倍液涂抹发病部位（彩图10）。这种防治方法的药剂直接作用于发病部位和病原菌，可以最大程度降低初始菌量，减轻为害。

（2）喷雾法防治　发病初期，及时摘除病叶、病果，及时用药。可选用50%烯酰吗啉可湿性粉剂1 500倍液，或100克/升氰霜唑悬浮剂1 500倍液，或68.75%氟菌·霜霉威悬浮剂1 000倍液，或

彩图10　茎秆被害后用涂抹法防治

10%氟噻唑吡乙酮可分散油悬浮剂5 000倍液喷雾防治，喷药时一定要细致周到，以达到最佳的防治效果。药剂使用时一定要注意轮换用药，延缓抗药性的产生。

（3）烟剂防治　发病初期，施用45%百菌清烟剂，老棚或重茬棚应在发病前开始施药，每次施药在傍晚盖帘前，全部点燃后密闭大棚，次日早晨打开大棚通风。每次每667米^{2}用药200～250克，每隔5～7天施药1次，连续4～5次。使用烟剂要注意安全，次日待通风后方可进入大棚从事日常管理。

（4）弥粉法防治　在田间湿度较大时，应该采用不增加湿度的弥粉法施药进行防治，可选用超细75%百菌清可湿性粉剂或50%烯酰吗啉可湿性粉剂，采用精量电动弥粉机进行喷粉施药防治，能够取得较好的防治效果。

番茄晚疫病应尽可能早防治，并注意及时通风排湿，结合使用烟剂。为避免产生抗药性，应几种药剂交替使用或混合使用，以利于提高防效，但混合使用要注意药剂间的性质，以免影响效果。

不可小觑的番茄灰霉病，早做预防是关键

地区降温，设施环境中灰霉病、晚疫病及菌核病等低温高湿病害频频发生。近日，一位来自辽宁的菜农向笔者团队反映，番茄叶片和果实长灰毛，不知道是什么原因引起的，种植户非常着急。通过对病样进行实验室检测，结合田间症状准确诊断病害，笔者团队提出了科学防治方法，解决了种植户的难题。

1　番茄灰霉病发病症状

灰霉病菌可侵染番茄植物的各个部位，如茎、叶、花、果实等，造成腐烂，水渍化。

1.1　花蕾症状
病原菌多从花瓣或柱头处侵染（彩图1），致使花蕾腐烂，其上密生淡灰褐色霉层（彩图2），并引起落花。

1.2　叶片症状
番茄叶片发病多从叶边缘开始，病斑呈V形向内扩展，病斑呈褐色，其上密布灰色霉层（彩图3），有时也形成圆形或不规则轮纹状病斑；为害单叶柄或复叶柄，初为水渍状褐色斑块（彩图4），然后向周围扩展，严重时引起叶柄折断或整枝叶片干枯死亡（彩图5）。

彩图1　病原菌侵染残留的柱头及花瓣

彩图2　花蕾发病症状

彩图3　叶缘V形病斑

彩图4　叶柄水渍状褐色病斑

彩图5　叶片干枯死亡

1.3 茎部症状

茎部染病后，病斑初为水渍状小点，后扩大成条状病斑（彩图6），高湿条件下，茎部出现灰色霉层（彩图7）。

彩图6 茎部症状　　　　　　　彩图7 茎部染病后期出现灰色霉层

1.4 果实症状

（1）烂果　果实最先被侵染的部位是残留的柱头以及花瓣，向果面及萼片夹缝内发展，引起萼片及果蒂部发病，进一步发展到果肩部。果面染病，病斑近圆形，呈灰白色状，后期密布霉层（彩图8），严重时落地腐烂。

（2）花脸斑　病原菌由果面侵入，果实表面形成外缘白色、中间绿色的病斑，俗称"花脸斑"（彩图9）。引起该症状的原因是，分生孢子在未成熟果面上萌发，菌丝侵染到果实上不能继续生长，是番茄果实表面抗灰霉病菌侵染的

彩图8 果实发病症状　　　彩图9 病原菌侵染果实，形成"花脸斑"

表现。用熊蜂授粉的番茄，花脸斑症状较多；外源激素蘸花的番茄，花脸斑症状多发生在前期叶部或果实灰霉病发生严重地块。

2　番茄灰霉病病原菌特征

引起番茄灰霉病的病原菌为灰葡萄孢（*Botrytis cinerea* Pers.）。病菌分生孢子梗丛生，直立或稍弯，淡褐色，具隔膜，（115～447）微米×（10～18）微米。顶端具分枝，分枝顶端簇生分生孢子成葡萄穗状。分生孢子卵圆形或椭圆形，无色或灰褐色，单胞，大小（8～17）微米×（5～10）微米（彩图10）。

彩图10　灰葡萄孢分生孢子梗和分生孢子

其寄主非常广泛，可侵染番茄、茄子、黄瓜、西葫芦等400多种作物，在生长期、开花期、结果期和运输储藏期感染作物，是世界性分布为害最严重的植物病害之一。

3　番茄灰霉病发病规律

3.1　病菌来源广泛，传播方式多样

番茄灰霉病菌以菌丝体随病残体或以菌核在土壤中越冬，翌年温、湿度适宜时产生分生孢子，借助气流、雨水、灌溉水和农事操作等进行传播。病菌从伤口或枯死的组织等处侵入进行初侵染，后病部可产生分生孢子进行再侵染。蘸花是其主要的人为传播途径，因此，花期是病菌侵染的高峰期。

3.2　温、湿度适宜，病原菌易暴发流行

番茄灰霉病的发生和流行与温、湿度的关系十分密切。该病属于低温、高湿病害，其中湿度尤为重要，湿度越大，发病越重；最适发病温度为18～23℃。阴雨连天，光照不足，气温偏低等条件，均利于灰霉病的发生。

3.3　药剂不合理使用，抗药性严重

科学用药是防治该病最有效的手段，由于长期不科学的频繁使用，导致该病对苯并咪唑类氨基甲酸酯类、二甲酰亚胺类杀菌剂等产生了不同程度的抗药性，增强了该病的防治难度。另外，灰霉病菌遗传变异大，致使田间防效明显降低。

4 如何有效防控番茄灰霉病

根据番茄灰霉病的发生特点与病原菌情况，需要采用针对性的措施进行防治。

4.1 农业防治措施

（1）调节温室环境条件 由于灰霉病属于低温高湿病害，可以通过调节栽培措施来降低温室内叶片和果实的着露量和着露时间，预防灰霉病的发生。一般采用"上午控温，下午控湿"的方法来控制灰霉病的发生。

（2）摘除幼果残留花瓣及柱头 在发病初期摘除长有病斑的花瓣、柱头、病果、病叶，防止病原菌进一步扩散到其他部位。于蘸花后10～15天摘除幼果残留的花瓣和柱头，部分染病的幼果也应及时去除，可降低病菌的初侵染点，从而防治灰霉病的发生，防治效果达到80％以上，可以达到一般杀菌剂的效果。

（3）改善农业栽培措施 采用双垄覆膜，膜下灌水、滴灌的栽培方式，以及移栽前施足基肥，移栽后进行地膜覆盖，阻止土壤中病菌的传播。在增加土温的同时减少土壤水分蒸发，降低空气湿度，也可控制灰霉病的发生与侵染。

4.2 药剂防治技术

合理用药，并选择合理的施药方式。由于灰霉病菌极易产生抗药性，田间施药时，要注意交替轮换用药或药剂混合使用，有利于提高防效，延缓抗药性的产生。

（1）喷雾法施药防治 预防用药可选择生物农药1 000亿孢子/克枯草芽孢杆菌可湿性粉剂60～80克/亩*喷雾防治或10亿孢子/克木霉菌25～50克/亩喷雾使用。发病初期可使用新型药剂43%氟菌·肟菌酯悬浮剂2 500～3 000倍液喷雾防治，或用50%异菌脲可湿性粉剂1 200～1 500倍液，或20%吡噻菌胺悬浮剂2 000～3 000倍液，或42.4%唑醚·氟酰胺悬浮剂3 000～4 000倍液，或30%咯菌腈悬浮剂5 000～6 000倍液喷雾防治。

（2）喷粉法施药防治 阴雪雾霾高湿环境下，喷雾会增加棚内湿度，且不利于病害控制。而弥粉法用药不增加湿度，阴雨天可以照常施药，药剂喷出后在空中呈现"布朗运动"和"飘翔运动"，不仅能杀死植物上的病原菌，还能杀灭空气中的病原菌，达到立体空间灭菌的目的。可选用超细50%腐霉利可湿性粉剂或50%异菌脲可湿性粉剂进行喷粉防治，傍晚喷粉后封闭棚室，次日早上开棚，这样可以在不增加田间湿度的情况下，取得较好的防治效果。

＊：亩为非法定计量单位，15亩＝1公顷。

"黑脚苗""轮纹斑"，番茄早疫病症状还有哪些

番茄早疫病田间症状多样，整个生育期内该病均可发生为害，能侵染种子、苗期茎叶以及成株期的叶片、茎秆、果实及花萼等所有部位。此病是由链格孢属(*Alternaria*)真菌引起的一种常发性世界病害，在美国、澳大利亚、以色列、印度、希腊等地发病率高，严重时可使番茄减产35%～78%。自20世纪80年代以来，我国黑龙江、吉林、山东、河北、山西、广东、广西、湖北、江苏、上海、浙江、湖南和四川等大部分地区也普遍发生，危害年趋严重，成为露地、保护地番茄生产中的重要病害。该病可以引起落叶、落花、落果和断枝，对产量影响很大，另外发病果实内含有毒素，还会影响人体健康。

1 番茄早疫病田间发病症状

1.1 苗期发病症状

若种子带菌，出苗后幼苗茎中上部或茎基部发病，病部形成环绕茎部的长椭圆形黑褐色病斑，称"黑脚苗"，随后植株快速干枯，最后萎蔫死亡。

1.2 叶片发病症状

叶片受害，初期病斑圆形，浅褐色，逐渐变为深褐色至黑色，随后病斑逐渐扩大呈近圆形至圆形（彩图1），在叶脉及叶片边缘处呈不规则形，边缘多具浅绿色或黄色晕圈，病斑具同心轮纹，后期病斑连片。病斑具轮纹是早疫病典型症状，有时由于环境的变化，病斑为褐色但无轮纹。潮湿条件下，病斑上常有黑色霉状物（彩图2）。田间病害多从下部成熟叶片开始，逐渐向上蔓延，发病严重时，植株下部叶片相继枯死而脱落，危害全株（彩图3、彩图4）。

彩图1 叶片病斑圆形具轮纹

彩图2 湿度大时，病斑上有黑色霉状物

彩图3　全株叶片感病

彩图4　整株叶片脱落

1.3　茎秆、花萼及果实发病症状

茎部病斑多发生在分枝处，发病初期病斑灰褐色、椭圆形、稍凹陷，有同心轮纹。后期病斑沿茎秆纵向扩展为长条形，同心轮纹明显（彩图5）。发病严重时，病斑环抱茎秆，造成上层枝叶萎蔫死亡，甚至断枝。茎基部发病，形成长条形的病斑环绕茎基部，造成整株萎蔫。

彩图5　茎秆形成长椭圆形的病斑

花蕾期花萼发病，多发生在萼片顶端，表现为深褐色坏死症状。结果期花萼发病，病斑初期为黑色小圆点（彩图6），后期病斑扩大，具同心轮纹。

果实发病，多发生在萼片附近和裂缝处，圆形或近圆形，黑褐色，稍凹陷，也有同心轮纹（彩图7），其上长有黑色霉层。田间干燥缺水的情况下，

彩图6　萼片病斑初为黑色圆点

彩图7　果实病斑具同心轮纹

若番茄果实缺钙或受日灼伤害后，极易受早疫病病原菌侵染，使果实从脐部呈轮纹状凹陷。

2 番茄早疫病病原菌

番茄早疫病的病原菌为链格孢属（*Alternaria*）真菌，其有性态为子囊菌门。番茄早疫病病原菌种类复杂，其发生往往是多种链格孢属真菌同时为害。目前世界上已经报道可以侵染番茄的链格孢属真菌有23个种及专化型，其中在国内普遍为害的病原菌为茄链格孢 (*A. solani* Sorauer)、茄斑链格孢 (*A. melongenae* Rangaswami & Samb.) 和链格孢 [*A. alternata* (Fr.) Keissl.]。

2.1 茄链格孢显微形态

茄链格孢是引起番茄早疫病最常见、为害最严重的一种，其子实体常生于叶片正面。分生孢子梗单生或簇生，直或膝状弯曲，分隔，淡青褐色至褐色，大小为（49.6 ~ 100.5）微米 ×（7.5 ~ 10.5）微米。分生孢子长，单生，直或稍微弯曲，倒棍棒形，青褐色，具5 ~ 12个横隔膜，孢身大小为（25.7 ~ 93.0）微米 ×（7.5 ~ 25.4）微米（彩图8）。喙丝状，淡褐色，分隔，分枝或不分枝，大小为（60.0 ~ 178.0）微米 ×（3.0 ~ 4.5）微米。

2.2 茄斑链格孢显微形态

茄斑链格孢子实体多叶斑两面生。分生孢子梗单生或2 ~ 6根簇生，直立或屈膝状弯曲，基部稍膨大，浅褐色至暗褐色，膨大处颜色较深，不分枝或偶具分枝，大小为（27.0 ~ 36.8）微米 ×（3.1 ~ 7.5）微米。分生孢子多为链生，圆柱形、倒棍棒形或少数为长椭圆形，直立或稍弯曲，浅褐色至暗褐色，有的具喙，横隔膜1 ~ 10个，孢身大小为（10.3 ~ 80.0）微米 ×（5.0 ~ 27.5）微米（彩图9）。喙无色至淡褐色，有隔膜，大小为（17.5 ~ 64.0）微米 ×（2.5 ~ 6.3）微米。

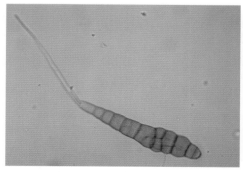

彩图8　茄链格孢显微形态

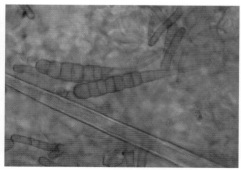

彩图9　茄斑链格孢显微形态

2.3 链格孢显微形态

链格孢是引起番茄采后储存期病害的主要腐生菌之一，随着栽培环境不断变化，链格孢已逐渐转变为番茄早疫病主要致病菌，其中链格孢番茄专化型（*A. alternata* f. sp. *lycopersici*）在各地为害最严重。链格孢分生孢子梗单生或簇生，直或膝状弯曲，分隔，淡褐色至褐色，随着连续产孢作合轴式延伸，大小为（33.0～75.0）微米×（4.0～5.5）

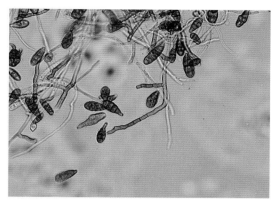

彩图10　链格孢显微形态

微米。分生孢子单生或短链生，倒棍棒形、卵形、倒梨形或近椭圆形，青黄褐色至淡褐色，表面光滑或具微刺，具3～8个横隔膜，1～4个纵、斜隔膜，分隔处不缢缩或略缢缩，孢身大小为（22.5～40.0）微米×（8.0～13.5）微米（彩图10）。短喙柱状或锥状，淡褐色，大小为（10.0～25.0）微米×（2.5～4.5）微米。

3 番茄早疫病发生规律

3.1 病害初侵染源

番茄早疫病病原菌主要以深褐色菌丝、分生孢子及厚垣孢子随病残体在土壤中越冬或存活数年，也可附着在种子表皮或内部越冬，成为第2年的初侵染源。在一些种植区，病原菌可以辗转存活在多种茄科作物上，进行循环危害。

3.2 病害侵染循环

在高湿和适宜的温度（6～34℃）下，病原菌分生孢子和番茄植物组织接触后，可在2小时内萌发，从气孔或伤口侵入寄主，也可以从表皮直接侵入，侵入后2～3天即可形成明显的早疫病症状。病部产生分生孢子后，孢子可通过气流、雨水进行再侵染。带菌种子及农事操作不当也会促进病害的扩大蔓延。

3.3 病害发生与环境的关系

番茄早疫病为高温高湿型病害，温度为18～30℃时利于病害的发生与蔓延。种植期间连续阴雨、大水漫灌导致田间湿度大，易于病害流行。番茄育苗期间，若育苗床湿度大，且温度低，易导致病原菌侵染种子，大大降低出芽率。成株期番茄感染早疫病多从结果初期开始发生，结果盛期病害加重。老叶一般先发病，嫩叶发病轻。农家底肥充足、灌水追肥及时，植株生长健壮，发病轻；连作、低洼地、基肥不足、种植过密、单株果实过多，植株生长衰弱，浇水过多或通风不良，发病较重。

4 番茄早疫病的防治方法

4.1 选育抗病品种

番茄早疫病抗病遗传机制复杂，有报道称番茄对早疫病抗性的遗传由隐性多基因控制，也有称该抗性属于数量遗传，还有研究报道该抗性受显性或不完全显性基因控制。对番茄早疫病遗传的研究并不深入，且早疫病抗病资源大都存在于番茄野生种中。到目前为止，国外有报道利用抗病野生番茄种杂交培育出抗早疫病的杂交品种Mountain Supreme，而国内尚未见有抗早疫病的番茄栽培种相关报道。

4.2 进行种子处理

番茄早疫病病原菌可存活于种子表皮或内部，播种前对种子进行处理，可有效减少病原菌基数，防止其为害种子及幼苗。具体方法如下：种子用50℃温水浸泡20～30分钟，取出后直接用凉水冷却，干燥后播种即可。

4.3 农业措施防病

（1）适期播种，培育壮苗　育苗期间要调节好苗床的温度和湿度，在苗子长到2叶1心时进行分苗，谨防苗子徒长，可减少苗期患病。

（2）合理密植，适时轮作　播种不要过密，尽可能留出打药行，以便后期进行防治。番茄早疫病病原菌可以侵染多种茄科作物，露地及保护地种植应与非茄科作物（谷类作物等）进行3～4年轮作，减少连作障碍。

（3）加强田间管理　早春定植时昼夜温差大，相对湿度高，易结露，利于此病的发生和蔓延。应重点调整好棚内温、湿度，尤其是定植初期，闷棚时间不宜过长，防止棚内湿度过大、温度过高，减缓该病发生蔓延。在病害流行期要适当控水，避免因田间积水，徒增田间相对湿度。均衡施肥，特别要控制好氮肥的施用。种植期间应合理整枝打杈，疏花疏果，以减少植株压力，增强抗病性。一旦发现病叶、病果或整个病株，应及时清除，集中销毁深埋，杜绝病原菌继续传播。

4.4 化学药剂防治

目前，生产上控制番茄早疫病的有效手段依然是药剂防治。药剂可选用500克/升异菌脲悬浮剂750～1 500倍液，或70%丙森锌可湿性粉剂750～1 000倍液，或10%苯醚甲环唑水分散粒剂700～1 000倍液，或50%啶酰菌胺水分散粒剂2 500～3 500倍液，也可选用复配制剂31%噁酮·氟噻唑悬浮剂2 000 ～ 2 500倍液，或35％氟菌·戊唑醇悬浮剂2 500 ～ 3 000倍液，或43％氟菌·肟菌酯悬浮剂3 000 ～ 4 500倍液，或60％唑醚·代森联水分散粒剂1 200 ～ 1 800倍液进行防治。发病初期，选择晴朗的天气，对植株进行均匀喷雾防治，每隔7天喷施1次，连喷2 ～ 3次。研究表明，链格孢属（*Alternaria*）真菌已对多种化学农药产生抗药性，如甲氧基丙烯酸酯类（嘧菌酯、唑菌胺酯）、二甲酰亚胺类（腐霉利）、苯并咪唑类（多菌灵、甲基硫菌灵）、烟酰胺类（啶酰菌胺）等，故田间用药应注意轮换使用，以减缓病原菌抗药性的产生。

番茄早疫病病原复杂，其发生与环境关系密切，田间防治该病应将化学药剂防治与栽培管理措施有机结合，方能有效地控制该病。

番茄白粉病会由两种病原菌引起，找准原因巧防治

2011年3月由番茄粉孢（*Oidium lycopersici*）以及辣椒拟粉孢（*Oidiopsis taurica*）引起的番茄白粉病在内蒙古赤峰市大面积暴发，为害十分严重。由于这两种病原引起的发病症状差异较大，尤其是辣椒拟粉孢引起的番茄白粉病症状与之前我国报道的完全不同，导

致当地的植保人员以及技术人员不能准确诊断该病，无法采取有效的防治措施。同年9月该病害在内蒙古赤峰市的秋茬番茄上再次大面积发生。为了进一步明确该病害的发病规律及田间为害情况，笔者等走访了赤峰市主要番茄种植区，通过显微镜现场诊断，确诊该病害是由番茄粉孢和辣椒拟粉孢引起的番茄白粉病。2011年秋末冬初笔者等在甘肃地区进行病害调查时，发现番茄白粉病在该地区为害严重，病原菌主要为辣椒拟粉孢。

1 两种病原菌引起的番茄白粉病症状

1.1 由番茄粉孢引起的番茄白粉病症状

该病菌主要为害叶片，一般下部叶片先发病，逐渐向上部发展。发病初期，叶面出现褪绿小点，后扩大为近圆形病斑，叶片正面着生白色粉状物（彩图1），随着病情发展，病斑扩大相互愈合或覆盖整个叶面。发病后期病叶变黑褐色并逐渐枯死，整株下部叶片全部发病，布满白色病斑（彩图2）。叶柄、茎也可感病，发病部位产生白粉状病斑。

彩图1　发病初期叶正面形成近圆形病斑，着生白色粉状物　　彩图2　发病后期病斑连片，变黑褐色

1.2　由辣椒拟粉孢引起的番茄白粉病症状

该病菌主要为害叶片，多是下部老叶先发病。发病初期，叶片正面出现褪绿的黄色病斑，边缘常有不明显的黄色斑块，与叶霉病症状相近（彩图3），然后扩大为多角形病斑，从中央开始变褐（彩图4），叶背产生白色霉层，湿度大时叶正面也会形成少量白色霉层。发病后期，病斑连片，致全叶变褐干枯而死（彩图5）。茎和叶柄也可染病，产生褪绿色病斑。

彩图3　叶正面常有边缘不明显的黄色斑块

彩图4　病斑扩展呈多角形，中央变为褐色　　彩图5　病斑变薄呈深褐色，覆盖整个叶片

2　番茄白粉病病原菌

我国台湾地区最早报道番茄白粉病，该病的病原为蓼白粉菌（*Erysiphe polygoni*）。近年来也有报道称，该病的病原菌为番茄粉孢（*O. lycopersici*）和新番茄粉孢（*O. neolycopersici*）。但在笔者团队的鉴定研究中发现，内蒙古赤峰地区的番茄白粉病是由两种病原菌引起的，即番茄粉孢和辣椒拟粉孢。由辣椒拟粉孢引起的番茄白粉病在我国目前还没有系统的研究及报道。

2.1　番茄粉孢

番茄粉孢（*O. lycopersici*）无性阶段为粉孢属，菌丝分布于表皮，不穿透叶肉组织。分生孢子梗直立，圆柱形，不分枝，无色，多为 0～3 个隔膜，大小为（60～120）微米×（7.5～9.0）微米。分生孢子串生，椭圆形，大小为（26～42）微米×（16～20）微米，末端着生萌芽管（彩图6），老龄分生孢子表面有网状突起。初生分生孢子形状不规则，基部略平截，表面粗糙，有各种小突起。次生分生孢子棍棒状或柱形，无色，表面有各种条状纹饰，串生于分生孢子梗顶端，有少量单生（彩图7）。次生分生孢子着生部位略有缢缩，基部平截。有性型为番茄高氏白粉菌（*Golovinomyces lycopersici*），闭囊壳埋生于菌丝中，近球形，内生子囊近 10～14 个，子囊近卵形，少数近球形，有明显的柄或无柄，其中多含 3 个子囊孢子，子囊孢子为卵圆形或椭圆形。

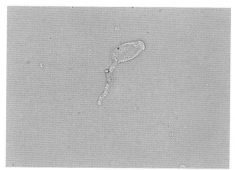
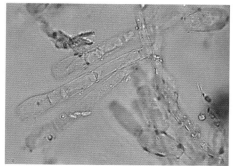

彩图6　番茄粉孢分生孢子形态　　　　彩图7　番茄粉孢次生分生孢子形态

2.2　辣椒拟粉孢

辣椒拟粉孢（*O. taurica*）的无性型为拟粉孢属，菌丝体叶两面生，存留，展生，灰白色毡状。分生孢子梗一般较细，散生，无色，有分隔。分生孢子无色，单个生于孢子梗的顶端，一般有两种类型：初生分生孢子烛焰状，顶端尖锥形，基部平截，表面很粗糙，有疣状或长条状突起，无色透明，大小为（45.5～70.0）微米×（12.0～15.5）微米（彩图8）；次级分生孢子圆柱形，少数棍棒形，两端平或钝圆，表面也很粗糙，有疣状、块状或条状突起，大小为（44.8～72.0）微米×（9.6～17.6）微米（彩图9）。有性态为鞑靼内丝白粉菌（*Leveillula taurica*），闭囊壳埋生于菌丝中，近球形，直径140～250微米，附属丝丝状，与菌丝交织，不规则分枝，内含子囊10～40个，子囊近卵形，大小为（80～100）微米×（35～40）微米，大多含子囊孢子2个，子囊孢子单胞。

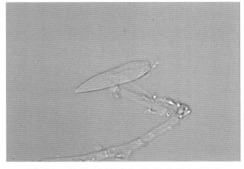

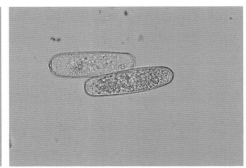

彩图8 辣椒拟粉孢初生分生孢子形态　　**彩图9 辣椒拟粉孢次生分生孢子形态**

3　番茄白粉病发生规律

3.1　初侵染来源

在我国北方地区主要是病残体带菌，病菌以闭囊壳随病残体在田间越冬，主要在温室冬作番茄上越冬。第2年条件适宜时，分生孢子萌发产生芽管，从寄主叶背气孔侵入，或直接突破角质层侵入寄主。在南方番茄常年种植区，病原菌以分生孢子在冬作番茄或其他寄主上存活，无明显越冬现象，分生孢子可不断产生，反复为害。目前尚未见种子带菌的报道。

3.2　传播途径

由于番茄粉孢以及辣椒拟粉孢主要以分生孢子的形式进行传播，因此气流和风力可以造成该病原菌的远距离传播，水滴飞溅以及农事操作人员的手套、鞋子、衣物和操作工具等均可以造成该病原菌在田间的近距离传播。此外，田间昆虫（蓟马、蚜虫、白粉虱等）通过取食病株也可传播该病原菌。

3.3　田间发生规律

番茄白粉病侵染需要一定的空气湿度，分生孢子萌发和侵入需要有水滴存在，且在 15 ~ 30℃均能发生，最适为 25 ~ 28℃。因此，一般白天温度 25℃，湿度小于 80%，而夜间湿度大于 85% 时，该病扩展得较快。50% ~ 80% 的相对湿度以及弱光照有利于病害的发生和流行，但长时间的降雨可抑制病害的发生。

4 番茄白粉病防治方法

由于番茄白粉病菌繁殖率高，且一个流行季节可繁殖多代，因此其病菌群体数量惊人，蔓延快，为害严重。条件适宜会造成该病害大规模暴发，要控制该病害就要采取"预防为主，防治结合"的策略。

4.1 农业防治

（1）清洁田园 田间发现病株立即清除，采取晒干焚烧的方法减少田间菌源。采收后清除田间病残体及田园周围杂草，进行深埋或焚烧，减少翌年的初侵染源。

（2）加强水肥管理 基肥以腐熟的有机肥为主，增施磷、钾肥，控施速效氮肥。采用高垄栽培，适量灌水，勤通风，尽量避免土壤忽干忽湿。灌溉时尽量选择晴天进行滴灌，切忌大水漫灌和膜外灌水，灌水频次一般春季间隔 10 ~ 15 天，夏季间隔 8 ~ 10 天，冬季间隔 15 ~ 20 天。

（3）合理轮作 与葱蒜类作物轮作 2 ~ 3 年以上，可有效降低田间病原菌的数量，控制病害的发生。

4.2 化学防治

目前，生产上种植的番茄品种大多不抗白粉病，化学防治仍然是控制白粉病最主要的手段。在发病初期，仅植株下部少数叶片出现褪绿症状，此时病原菌菌丝还处于叶片组织内部的萌发阶段，应及时用 2% 武夷菌素水剂 300 倍液，或 3% 多抗霉素水剂 1 000 倍液，间隔 8 ~ 10 天施药 1 次，连续用药 2 ~ 3 次，将病害有效地控制在发病初期。发病中期植株的中上部叶片、嫩叶甚至叶柄、茎和果实也出现病斑时，菌丝由叶片组织内部发展到外部，而且在适宜的环境下靠气流快速传播。此时要采取强有力的防治措施，可同时使用保护型和内吸型的杀菌剂，喷洒药剂时要全面、彻底。防治效果较好的药剂有：40% 氟硅唑乳油 6 000 ~ 8 000 倍液、10% 苯醚甲环唑水分散粒剂 2 000 ~ 3 000 倍液、50% 醚菌酯水分散粒剂 1 500 ~ 3 000 倍液、25% 吡唑醚菌酯乳油 2 000 ~ 3 000 倍液、43% 氟菌·肟菌酯悬浮剂 2 500 ~ 3 000 倍液，用药间隔期一般为 7 ~ 10 天，连续用药 2 ~ 3 次。注意药剂的交替和混合使用，防止病原菌产生抗药性。

由次变主，番茄匍柄霉叶斑病（灰叶斑病）不得不防

匍柄霉属（*Stemphylium*）真菌可以引起多种蔬菜病害，包括番茄、莴苣、辣椒、甘蓝等，美国、以色列、新西兰等均报道过由匍柄霉引起的番茄叶斑病。2000年初期，笔者在蔬菜病害调查过程中发现，北京大兴、辽宁海城、河北廊坊和保定以及山东寿光等地均有该病的发生，但当时并未严重影响番茄的产量。2009—2010年的病害调查中却发现，番茄匍柄霉叶斑病由一种不常见病害逐渐发展为严重发生的病害，在海南省海口市西秀镇龙头村和灵山镇大昌村、山东寿光洛城镇黄家尧水村和田柳镇陈马村等地番茄匍柄霉叶斑病为害已经非常严重，尤其是在山东寿光田柳镇陈马村，番茄于1月份定植后开始零星发生匍柄霉叶斑病，到了3月份，温室中绝大多数的番茄都发生了匍柄霉叶斑病，尤其是连阴天湿度大、温度忽高忽低时，该病发生更为肆虐，严重影响了番茄的产量，给农民带来了巨大的损失。

1 番茄匍柄霉叶斑病发病症状

番茄叶片受害后，症状主要分为两种。

小型斑：此为最常见症状，病斑初为褐色小点，以后逐渐扩大，但是病斑直径保持在0.5～5.0毫米，初为圆形或近圆形（彩图1），后期受叶脉限制呈多角形，有的病斑连成片呈不规则状，病斑中央灰白色至黄褐色，边缘深褐色，具有黄色晕圈，有的病斑上具有同心轮纹，叶片背面病斑颜色较叶片正面浅（彩图2）。

彩图1　叶片正面圆形病斑

彩图2　叶片背面病斑形态

　　大型斑：这种症状相对较少，病斑较大，圆形或近圆形，病斑直径可达 5～10毫米。病斑中央褐色，边缘深褐色，叶背病斑颜色较深，为黑褐色，病斑周围具有黄色晕圈（彩图3）。有时在叶缘也形成大型病斑，病斑沿着叶缘发展成不规则状。以上两种病斑到发病后期时均易穿孔破裂（彩图4）。严重发生时病斑布满整个叶片（彩图5），使叶片干枯脱落，甚至整个枝条变黄干枯（彩图6）。该病严重时蔓延至叶柄、茎蔓，甚至萼片、果实，造成减产（彩图7、彩图8）。

彩图3　近圆形较大病斑

彩图4　后期病斑连片穿孔破裂

彩图5　病斑布满整个叶片

彩图6　严重的整个枝条干枯

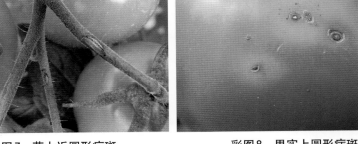

彩图7　茎上近圆形病斑　　　　彩图8　果实上圆形病斑

2　番茄匍柄霉叶斑病病原菌形态

已报道的番茄匍柄霉叶斑病的病原菌主要为茄匍柄霉（*Stemphylium solani* G. F. Weber）和番茄匍柄霉 [*S. lycopersici* (Enjoji) W. Yamam.] 两种。该病原菌分生孢子梗叶两面生，圆柱形，光滑，淡褐色，直立或弯曲，具有层出梗 1 ～ 2 个，0 ～ 3 个隔膜，大小为（12.5 ～ 77.5）微米 ×（5.0 ～ 7.5）微米（彩图9）。分生孢子单生，淡褐色，长方形、矩圆形，顶端尖，基部钝圆，正直或稍弯，1 ～ 3 个横隔膜，数个纵斜隔膜，大小为（26.3 ～ 43.5）微米 ×（15.0 ～ 22.5）微米（彩图10）。在 PDA 培养基上菌落圆形，正面灰色，背面开始灰色，后逐渐从中央变为土黄色，7天直径可达45毫米。

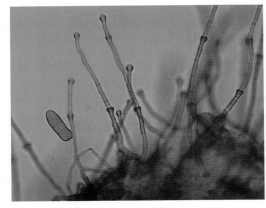
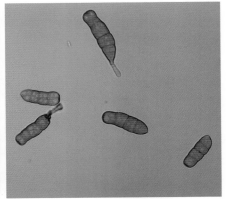

彩图9　叶片上病原菌分生孢子梗　　　　彩图10　叶片病原菌分生孢子

3 番茄匍柄霉叶斑病发生规律

3.1 病菌来源及传播途径

番茄匍柄霉叶斑病菌可在保护地土壤中的病残体及种子上越冬，成为该病的初侵染源。当温、湿度适宜时，当年发病叶上产生的分生孢子通过风、雨、喷水及其他农事操作进行传播，进行再侵染，使病害在田间不断蔓延。在适宜条件下，该病传播极快，从发病到全株叶片感染只需2～3天。

3.2 侵染途径

番茄匍柄霉叶斑病一般从植株的老叶开始发病，故植株中下部的老叶发病较重。因此，及时摘除老弱病叶也是控制该病的有效途径之一。

3.3 流行特点

番茄匍柄霉叶斑病主要是在气候暖湿地区的春、夏季节发生在春番茄上，发病初期为4月末至5月初，此时的栽培温度已经稳定在10℃以上，但相对湿度不是很高，病害不会迅速传播蔓延，5月中旬发病高峰来临，此时相对湿度较大，利于病害蔓延，病害一般持续到7月中旬就开始减弱，秋季几乎不会有该病的发生。

3.4 与环境因素的关系

番茄匍柄霉叶斑病的发生及流行受温度及相对湿度影响，连雨天、多雾以及温度忽高忽低变化均有利于该病的发生及蔓延。之前的研究结果表明：番茄匍柄霉叶斑病发病初期，病情指数随着温度升高以及相对湿度的增加而升高；发病中期温度在10～25℃范围内，相对湿度越大病害发生越严重；发病后期，相对湿度降低，虽然温度一直维持在18℃以上，但是发病程度已经减弱。可见番茄匍柄霉叶斑病的发生及迅速蔓延对温度的要求较低，但是对相对湿度的要求较高，只有在相对湿度适宜时才会迅速传播蔓延。

3.5 与栽培品种的关系

经过多次的田间调查以及采集病样发现，近两年来在山东寿光等地的番茄主产区，有一种耐人寻味的现象，当栽培抗番茄黄化曲叶病毒病的品种时，3月末至4月初棚室内就会大面积发生番茄匍柄霉叶斑病，如寿光地区主栽的番茄品种红罗曼，具有抗番茄黄化曲叶病毒病的特性，但在春季栽培时大面积暴发番茄匍柄霉叶斑病。目前番茄匍柄霉叶斑病的大面积发生及流行是否与大面积栽培抗番茄黄化曲叶病毒病的品种有关，有待进一步调查。

4 番茄匍柄霉叶斑病综合防治技术

4.1 选育和栽培抗病品种

栽培抗病品种是植物病害综合防治技术中最经济、最有效的手段。由于番茄匍柄霉叶斑病是近年来在我国新发生及流行的一种病害，因此对于该病害的研究还不够深入。番茄匍柄霉叶斑病在美国佛罗里达州报道较早，已有部分抗病品种在生产中推广，如FL47、FL91、HA3073、Phoenix、RPT153等。

4.2　农业防治

（1）清除病残体　种植期内及时清除田间老弱病叶，在拉秧后及时将田间病残清理并焚烧，减少初始菌源。

（2）合理轮作　在发病较重的田块利用非寄主植物如十字花科蔬菜、瓜类蔬菜轮作3年以上。

（3）控制温、湿度　在病害发生初期严格控制棚室内的温、湿度，温度控制在20℃以下，相对湿度在60%以下，适时放风除湿，并且应防止早晨棚室内发生滴水现象。

（4）隔离栽培　在发病较重的田块周围，种植非寄主作物或设置隔离带进行隔离，防止无病田块染病。

4.3　化学防治

因为该病流行较快，因此在初期发现病斑后及时用药非常关键。可以选用10%苯醚甲环唑水分散粒剂900～1 500倍液，或75%代森锰锌水分散粒剂500～800倍液，或30%醚菌酯悬浮剂1 200～2 000倍液，或45%乙霉·苯菌灵可湿性粉剂1 500～2 000倍液，或75%肟菌·戊唑醇水分散粒剂4 500～6 000倍液，或43%氟菌·肟菌酯悬浮剂2 500～3 000倍液，或12%苯甲·氟酰胺悬浮剂1 500～2 000倍液进行喷雾防治。药剂的使用间隔期要依据病害的严重程度以及天气情况而定。如果阴雨连绵，也可以使用超细75%百菌清可湿性粉剂80克/亩配合精量电动弥粉机喷粉防治，因为高湿的天气利于该病的传播及蔓延。

这些防治番茄叶霉病的高招，你可能没用过

20世纪50年代，番茄叶霉病始见于露地栽培番茄上，80年代以后，随着保护地种植面积的扩大，加之保护地栽培环境条件有利于叶霉病的发生流行，使得叶霉病发展成为番茄生产上的严重病害之一。随着分子育种水平的提高，一定程度上遏制了叶霉病的大发生，但由于引起叶霉病的病原菌生理小种种群复

杂、演变规律不清，使得叶霉病呈现间歇暴发的特点。该病发展迅速，仅10～15天便可蔓延整个田块。根据2014年以来的调查，番茄叶霉病可导致减产20％～30％，严重时达到50％～80％，给菜农带来了严重的经济损失。

1 番茄叶霉病发病症状

番茄叶霉病主要为害叶片，严重时也为害茎秆和果实。叶片染病初期病斑褪绿、椭圆形或不规则（彩图1），叶背霉层灰白色（彩图2）；随着病情的扩展，叶片正面病斑呈多角形或不规则、红褐色、具黄晕（彩图3），叶背霉层棕褐色或黑褐色（彩图4）。通常情况下，叶片正面不产生霉层，严重发生时，叶片正面也产生浓密的深褐色霉层（彩图5）。

彩图1 叶片正面形成褪绿黄斑

彩图2 叶片背面霉层灰白色至浅褐色

彩图3 叶片正面病斑红褐色，具黄晕

彩图4　叶片背面霉层连片呈棕褐色　　　　彩图5　叶片正面产生浓密霉层

2　番茄叶霉病病原菌特征

　　引起番茄叶霉病的病原菌为黄褐孢霉 [*Fulvia fulva* (Cooke) Cif.]，曾用名包括黄褐钉孢（*Passalora fulva*）、黄褐枝孢（*Cladosporium fulvum*）等。分生孢子梗多丛生，橄榄褐色，顶端色淡，有隔膜，每个隔膜细胞的上端向一侧膨大呈节状，大小为（140 ~ 365）微米 ×（4 ~ 6）微米（彩图6）。分生孢子椭圆形、长椭圆形、卵形，通常链生，且孢子链分枝，浅棕色或暗褐色,0 ~ 3个隔膜，大小为（12 ~ 47）微米 ×（4 ~ 10）微米（彩图7）。菌丝在PDA培养基上生长缓慢且致密，灰白色，突起状。

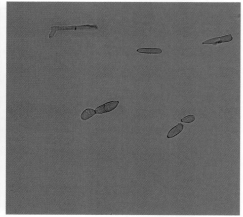

彩图6　分生孢子梗向一侧膨大　　　　　彩图7　分生孢子长椭圆形或卵形

3 番茄叶霉病大发生的原因

从环境条件方面分析：引起番茄叶霉病的黄褐孢霉在10 ～ 35℃下都能生长，最适温度为20 ～ 25℃，此外相对湿度高于80%有利于病原菌的繁殖。病原菌以菌丝块在病残体和土壤表面，或以分生孢子潜伏在种子上越冬，如遇适温高湿条件，越冬菌源产生分生孢子，借气流传播完成初侵染。具体过程为：分生孢子萌发形成侵染菌丝在细胞间蔓延，通过产生吸器伸入细胞内吸取水分和养分，导致叶片表面出现褪绿病斑。数天后，侵染菌丝从寄主气孔伸出，产生大量分生孢子，即在病斑上看到的灰褐色霉层。病原菌聚集阻塞气孔，植株呼吸严重受抑，导致叶片萎蔫枯死。新生出的分生孢子随气流和雨水传播进行再侵染，造成病害蔓延。

从病原菌和寄主方面分析：番茄叶霉病菌具有明显的生理分化现象，是目前蔬菜病害中病菌分化最明显的病害之一，迄今已知的番茄叶霉病菌生理小种至少有13个。随着田间栽培品种的更替，一方面抗病品种的选择压力导致新小种的产生和劣势小种的优势化，另一方面新小种的出现和劣势小种优势化致使抗病品种的抗性丧失，导致病害流行。

4 番茄叶霉病综合防控措施

4.1 选用抗病品种

不同番茄品种对叶霉病具有明显的抗性差异，因此利用抗病品种防治叶霉病是最经济有效的方法。已知的抗叶霉病基因有 $cf\,0$、$cf\,1$、$cf\,2$、$cf\,3$、$cf\,4$、$cf\,5$ 和 $cf\,9$ 等，需要注意的是，目前培育的抗病品种多属于垂直抗性品种，连续大面积种植极易导致小种变异，产生新优势小种，导致品种抗性丧失。因此，选用抗病品种时，必须注意抗病品种的合理布局和轮换，以保证防病效果的稳定和持久。

4.2 加强栽培管理

初始菌源是番茄叶霉病发生的先决条件，适宜的环境条件是叶霉病发生的决定因素。在生产中应注意不从病株上采种，并可采用温汤浸种（55℃，30分钟）的方法减少种子带菌。保护地休棚期，可每亩用硫黄粉3 ～ 5克进行熏蒸，分散点燃，密闭24小时，以减少田间病菌数量。在管理上要采取控制浇水，加大行距，加强通风透光，降低湿度等措施控制病害流行。

4.3 喷粉防治

分生孢子气传是番茄叶霉病短时间大暴发的重要原因。传统的喷雾防治，作用位点集中在植株叶片上，使用精量电动弥粉机进行喷粉防治，可以有效杀灭空气中的番茄叶霉病菌，重创气传途径。并且，喷雾防治不可避免地会增加田间湿度，造成利于病害流行的高湿环境。

4.4 药剂防治

易感病时期要注意勤观察，一旦田间出现病叶，及时用药防治。药剂可选择10%多抗霉素可湿性粉剂600～800倍液，6%春雷霉素水剂1 200～1 500倍液，10%氟硅唑水乳剂1 500～2 000倍液，250克/升嘧菌酯悬浮剂800～1 200倍液，或12%苯甲·氟酰胺悬浮剂1 200～2 000倍液，43%氟菌·肟菌酯悬浮剂2 500～3 500倍液，35%氟菌·戊唑醇2 000～2 500倍液。发病初期用药，间隔7～14天用药1次，连续用药2～3次。在药剂防治时应注意轮换用药，尤其是内吸性杀菌剂不能长期连续使用，以免病菌产生抗药性。

番茄枯萎"死棵"重，找对"真凶"巧预防

近年来，蔬菜萎蔫死棵问题频繁发生，由于引起死棵的原因比较多，如根腐病、青枯病、溃疡病等土传病害影响，以及浇水施肥不当等不合理的栽培措施都能导致蔬菜死棵。所以，当死棵出现时，就需要及时准确地诊断发病原因，并采取有效措施进行防控。

近日，一位来自华北的种植户向笔者团队反映，番茄出现大量萎蔫情况，并且已经有死棵现象出现，还在逐渐蔓延中，种植户因为不清楚是什么原因引起的，无法采取对症措施进行防控，这让种植户心急如焚，了解到这个情况，相关人员决定前往当地进行调研诊断，究其病因，对症下药，帮助菜农解决实际问题。

1 番茄枯萎病发病症状

番茄枯萎病从花期或结果期开始发病，发病初期植株叶片在中午前后萎蔫下垂，早晚又恢复正常，叶色褪绿稍淡，似缺水症状。随着病情的发展，番茄萎蔫现象明显，中、下部叶片先出现黄化萎蔫（彩图1）、变褐现象（彩图2），并逐渐向上蔓延，后期整株叶片枯萎死亡（彩图3、彩图4），茎部表面凹陷、失绿。拔起病株可发现根系坏死，且主根呈螺旋状盘绕生长。剖开茎部，维管束发褐坏死，须根腐烂，主根干枯（彩图5、彩图6），湿度大时根茎部着生白色霉层。

彩图1 番茄中、下部叶片黄化萎蔫

彩图2 下部叶片黄化变褐

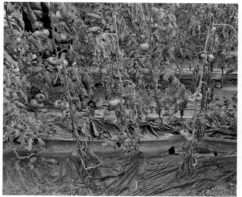

彩图3 番茄整株叶片枯萎死亡

彩图4 番茄枯萎死亡

彩图5 番茄维管束发褐坏死

彩图6 番茄维管束坏死

2　番茄枯萎病病原菌

通过实验室检测，引起番茄萎蔫症状的病原菌是尖孢镰孢菌（*Fusarium oxysporum* Schltdl.）。尖孢镰孢菌大型分生孢子月牙形，稍弯，两端渐尖，基孢足跟明显，1～6个隔膜，多数3个隔膜，大小为（22～57）微米×（4～6）微米（彩图7）。小型分生孢子卵圆形、肾形或瓜子形，无或1个隔膜，大小（5～11）微米×（3～4）微米（彩图8）。

据文献报道，尖孢镰孢菌种下有不同的分化，通常引起番茄枯萎病的病原菌是尖孢镰孢菌番茄专化型 [*Fusarium oxysporum* f. *lycopersici* (Sacc.) Snyder et Hansen]生理小种1号和2号。目前，我国发现的主要是尖孢镰孢菌番茄专化型生理小种1号。

彩图7　大型分生孢子　　　　　　　彩图8　小型分生孢子

尖孢镰孢菌为典型的土传病害真菌，属土壤习居菌，其寄主范围十分广泛，可引起100多种植物发生枯萎病。

3　番茄枯萎病侵染与传播

尖孢镰孢菌以菌丝体或厚垣孢子在土壤、病残体或未腐熟的粪肥中越冬，成为次年病害的主要初侵染源。病原菌也可通过带菌种子、种苗、农家有机肥等进行远距离传播。茄果类作物的连作极大增加了土壤中病原菌基数，导致田间枯萎病逐年严重。

病菌多从根系伤口、根毛等部位侵入植株体内，并在植株的维管束内繁殖，堵塞导管，阻碍植株吸水吸肥，导致叶片黄化、萎蔫及枯死。

土温22～28℃，土壤潮湿、偏酸等有利于病害发生。番茄连茬年月愈久，施用未腐熟粪肥，或追肥不当烧根；氮肥施用过多，磷、钾不足的田块；植株生长衰弱，抗病力降低，这些因素都容易造成病害发生严重。连阴雨后或大雨过后骤然放晴，气温迅速升高；或时晴时雨、高温闷热天气等也有利于病情加重。

4 番茄枯萎病综合防治技术

番茄枯萎病是一种典型的土传病害，一旦发生就较难防治，所以要采取"预防为主，综合防治"的植保方针进行防控。

4.1 选用抗病品种

目前市场上有许多抗镰孢菌的番茄品种，可以选取适合当地的对镰孢菌具有良好抗性的番茄品种进行种植，这是比较经济有效的方法。

4.2 嫁接防病

运用抗病砧木进行嫁接防病也是目前生产上较多选用的方法，常用的抗病砧木有浙砧1号、中蔬1号等。

4.3 减少初侵染来源

（1）减少田间病原菌的数量 在上茬作物收获后彻底清除田园；夏季休棚期，可以使用石灰氮（氰氨化钙）、威百亩等土壤消毒剂结合太阳能消毒来进行高温闷棚处理，注意深翻、覆膜等细节要做好，能够有效减少田间病原菌的数量。

（2）种子消毒 在播种前采用50～55℃温水进行温汤浸种处理，能够有效减少种子携带的病原菌的数量。

4.4 蘸盘或灌根防病

在定植前进行蘸根或定植后进行灌根来预防，药剂可以选用噁霉灵等，能够有效降低病害的发生程度。

近年来，生物菌剂逐渐被大家接受，应用的也越来越多，如可以用3亿cfu/克的哈茨木霉菌200～300倍液蘸根处理幼苗，或每亩施用1 500克3亿cfu/克的哈茨木霉菌，或100亿芽孢/克枯草芽孢杆菌可湿性粉剂2 000克进行穴施处理，也能取得较好的防治效果。

4.5 加强田间管理

在生产中要注意水肥的合理施用，重视硼、钙等中微量元素的补充，适时冲施甲壳素等功能性肥料，减少生根剂的使用，养护健壮根系。在植株的开花坐果期，即病害的高发期，不仅要注意病害的预防，还要注意合理留果，保持植株健壮，提高植株的抗病能力。有条件的地方，可以进行水旱轮作，建议与水稻或水生蔬菜进行轮作，也可与黄瓜、葱、蒜等蔬菜实行3～5年轮作。

4.6 及时用药防治

发病前需要及时使用生物农药进行预防，定植后可以使用5亿cfu/克多粘类芽孢杆菌KN-03 500～800倍液灌根处理，或用10亿cfu/克解淀粉芽孢杆菌可湿性粉剂2 000～3 000倍液灌根处理。要加强巡查，田间发现病株，及时用药，可用25%氰烯菌酯悬浮剂1 500倍液＋70%甲基硫菌灵可湿性粉剂1 200倍液，或用62.5克/升精甲·咯菌腈悬浮种衣剂2 000～3 000倍液灌根处理，或用50%多菌灵可湿性粉剂1 500～2 000倍液灌根处理，灌根处理量为每株200毫升。如果植株发病严重，要及时拔除病株，并用生石灰或45%代森铵水剂2 000倍液对定植穴进行消毒处理。

4.7　土壤消毒

对于老菜区或长年连作地区，农闲时搞好土壤消毒，可用石灰氮或威百亩进行土壤消毒，减少病原菌基数。

番茄大量萎蔫死棵，叶片"似火烧"，罪魁祸首原来是溃疡病

番茄溃疡病（Bacterial canker of tomato）是番茄生产上最严重的病害之一，自1909年番茄溃疡病首次在美国报道以来，该病在美国迅速蔓延并传播到世界多个番茄主产区，逐渐成为一种世界性病害。我国于1985年首次在北京平谷发现番茄溃疡病，现已扩展到多个番茄产区。近年来随着气候的变化及番茄种植规模的扩大，番茄溃疡病有逐年加重的趋势，目前在我国多个省、自治区、直辖市都有不同程度的发生，给当地的番茄种植造成了一定的影响。

1　番茄溃疡病的田间症状

感染番茄溃疡病菌的植株既可以表现出局部症状，也可表现出系统症状。如果是番茄种子带菌，病原菌由伤口直接侵入番茄的维管组织，将出现系统症状，通常表现为整株萎蔫，甚至干枯（彩图1），有时是单侧小叶先萎蔫（彩图2），最终整个叶片枯死。随着病原菌从木质部侵染到临近韧皮部和薄壁细胞，茎秆和叶柄的下侧出现淡黄色至褐色的条斑（彩图3），随病情发展，条纹逐渐变褐、开裂（彩图4），髓部和表皮层大量坏死（彩图5）。而当病原菌通过植物表皮的毛孔、水孔等自然孔口侵入后，初期叶边缘会出现褐色的病斑，并伴有黄色晕圈（彩图6），随后病斑颜色加深逐渐变为黑褐色（彩图7），病斑逐渐向内扩大（彩图8），导致整个叶片黄化，似"火烧状"（彩图9）；成

株期发病，一般是下部叶片首先表现症状，并逐渐向顶端蔓延（彩图10），病害严重发生时引起全株性叶片干枯。此外，当病原菌侵染果实，会引起"鸟眼斑"（彩图11）。"鸟眼斑"既可以在成熟果实上出现，也可以在未成熟果实上出现。但温室番茄果实感病不呈现鸟眼斑，通常出现网状或大理石纹理，因此，在温室栽培中果实上是否出现鸟眼斑并不能作为诊断番茄溃疡病的依据。

彩图1　番茄整株萎蔫

彩图2　番茄植株单侧叶片萎蔫

彩图3　叶柄上形成褐色条斑

彩图4　病茎变褐、开裂

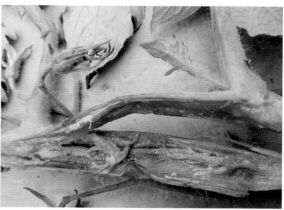

彩图5　番茄髓部坏死

彩图6　叶边缘形成具黄色晕圈的褐色病斑

彩图7　叶片边缘形成黑褐色病斑

彩图8　病斑向内逐渐扩展

彩图9　叶片干枯似"火烧状"

彩图10　病情由下向上蔓延

彩图11　"鸟眼"状果实病斑

2 番茄溃疡病病原菌

番茄溃疡病病原菌为密执安棒形杆菌密执安亚种（*Clavibacter michiganensis* subsp. *michiganensis*），在分类上属于厚壁菌门，棒形杆菌属。

番茄溃疡病菌除侵染番茄外，还侵染辣椒、龙葵、裂叶茄及其他番茄属植物。番茄溃疡病菌的接种寄主包括马铃薯、小麦、大麦、黄瓜、黑麦、燕麦、向日葵和西瓜等植物。番茄溃疡病菌为好氧细菌、革兰氏阳性菌，菌体短杆状或棍棒形（彩图12），无鞭毛，无芽孢。在NA培养基上培养3天后形成的菌落圆形，直径2～3毫米，黄白色，边缘整齐，不透明，表面光滑，黏稠状（彩图13）。

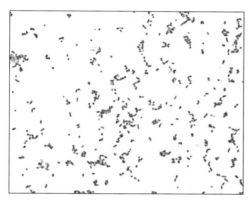 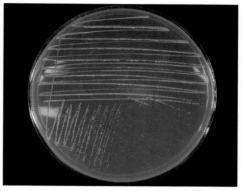

彩图12　番茄溃疡病菌革兰氏染色呈阳性　　　彩图13　番茄溃疡病菌菌落形态

3 番茄细菌性溃疡病的发生规律

3.1 初侵染源

（1）种子带菌　番茄溃疡病菌可以附着在种子表面造成种子外部带菌，也可以从植株茎部或花柄侵入，经维管束进入果实胚，致使种子内部带菌。当病健果混合采收时，感病果实的种子污染健康的种子也会造成种子外部带菌。带菌的种子是该病的主要初侵染源之一。

（2）种苗调运　带菌种苗调运可以使番茄溃疡病菌从有病区域传播到无病区域，造成病害的远距离传播，是该病的主要侵染源之一。

（3）土壤带菌　番茄溃疡病菌可在土壤表层存活2年，当土壤营养不合理，温、湿度相对较高时，土壤中残留的溃疡病菌就会大量繁殖，引发病害发生。

（4）病残体带菌　番茄溃疡病菌可以在秋季番茄病残体上越冬，若将病残体掩埋在土壤中15厘米处，可存活7个月，病残体上的越冬菌源能造成第2年番茄溃疡病的流行。因此，病残体也是该病的初侵染源之一。

（5）其他　病原菌可以在其他茄科寄主、田间野生植物、杂草、农具上存活，成为次年病害传播的初侵染源。

3.2　传播途径

番茄溃疡病菌主要是通过伤口包括损伤的叶片、幼根侵入到寄主内部，也可以从自然孔口包括气孔、水孔、叶片毛状体以及果实的表皮直接侵入到寄主组织内部。在自然条件下，病原菌主要是靠带菌的种子及种苗调运进行远距离传播。近距离传播主要是靠风雨、灌溉水和昆虫，或随分苗移栽、中耕松土、整枝打杈等农事操作进行蔓延；此外，农事操作人员的手、衣物及鞋子、操作工具等也可以造成该病原菌在田间的近距离传播。

（1）种子传播　病原菌既可以依附在种子表面，又可以侵入到种子内部，造成种子内外带菌，一般种子带菌率为1%～5%，严重时可达53.4%。在露地少量被感染的种子，即可引起大面积田块发病。因此，带菌种子调运是病害远距离传播的关键因素。

（2）种苗传播　带菌的幼苗在发病前有一段潜伏期，一般是在移栽10～20天后出现症状。因此，病原菌可以随不表现症状的带菌种苗传播到健康田块或随种苗调运远距离传播。

（3）风雨及灌溉水传播　当种植密度过大时，伴随着大风，植株间的摩擦力度增大，导致伤口增加，为病原菌的侵染制造了机会，一旦病菌从伤口侵入，植株就会被感染；当雨季来临时，雨水多、湿度大，病株上的病叶或病茎溢出的菌脓，随着雨水冲刷和雨水飞溅从发病植株传播到健康植株，通过自然孔口或伤口侵入，可引发病害的流行；病残体上或土壤表层的病原菌可以随着灌溉水从发病植株传播到健康植株，严重时会导致番茄溃疡病在整块田地蔓延。

（4）农事操作传播　在进行整枝打杈、分苗移栽、除草等农事操作过程中，会对番茄植株造成机械损伤，为病原菌的侵染创造有利的条件。病残体任意堆放会增加病菌感染的机会；带有病菌的茎秆沤制的肥料，在施用前未完全腐熟，也会导致病害流行。潮湿环境下，病原菌随着叶片吐水会大量溢出，滴落到健康植株上可造成病原菌的传播，或病原菌黏附在操作人员的身体和操作工具上，随着操作人员在田间走动从发病植株传播到健康植株或从有病田块带到无病田块，条件适宜会造成病原菌在田间蔓延。

（5）昆虫传播　田间昆虫取食病株后，病原菌会黏附到昆虫的虫体或口器上，再次取食时，可将病原菌传播给健康植株。此外，昆虫取食时会在番茄叶片上造成伤口，为病原菌的侵染创造有利条件。

3.3 田间发生规律

番茄溃疡病在温暖潮湿的条件下发病重，尤其在湿度大、低洼积水、排水不畅、通风不良的田地易发生。温度在23～34℃，湿度大、结露持续时间长时，利于番茄溃疡病的流行。因此，温度相对高、湿度相对较大的情况利于番茄溃疡病的发生。

4　番茄溃疡病的防治技术

番茄细菌性溃疡病传播快、为害大，一旦条件适宜会造成大规模的暴发流行。目前该病的防控主要遵循"预防为主，综合防治"的植保方针，在发病前期或初期做好预防工作，以农业防治与化学防治相结合，才能达到较好的防治效果。

4.1 加强检疫

种子、种苗带菌是病害远距离传播的主要途径，加强检疫措施，严防带菌种苗进入无病区。

4.2 选育抗病品种

番茄溃疡病表现为多基因抗性，给抗病品种的选育增加了一定难度，目前，生产中还未筛选出商业化的高抗品种。

4.3 种子处理

播种前采用温汤浸种，即在38℃温水中浸泡5分钟使种子预热，然后在53～55℃的条件下浸泡20～25分钟，并不断搅拌，要控制好温度，温度过高会影响出芽率。取出种子在21～24℃下晾干，催芽后播种。也可用0.01%的醋酸浸种24小时，或用0.5%次氯酸钠溶液浸种20分钟。这些方法都能减少种子带菌量。

4.4 农业防治

（1）选择无病留种田　选择没有番茄溃疡病病史的地区进行育种留苗，并采取严格隔离措施，防止病原菌感染种子。

（2）土壤处理　可在夏季高温季节进行闷棚处理，将大棚中的土壤灌足水后覆盖聚乙烯膜，日晒4～6周，能有效降低田间菌量，可使番茄溃疡病的发病率降低72%；或选用威百亩在定植前1个月对土壤进行熏蒸处理，也可起到良好的预防效果。

（3）加强田间管理　及时摘除下部的老、黄、病叶，清洁田园，及时拔除病株和附近的植株，集中进行焚烧或深埋，并对病穴和周围的土壤施药，尽快消毒，避免病菌随病残体传播蔓延。早上叶片湿度大、露水多时，不要进行整枝、采摘等农事操作，避免病菌黏附在操作人员的身体或操作工具上进行传播。从发病田块转到健康田块进行劳作时，应提前用10%的次氯酸钠对农具进行消毒，或更换新的农具，接触过病株、病果、病残体的手要用肥皂水清洗。

（4）合理轮作　与非茄科植物轮作2年以上，可有效降低田间病原菌的数量，控制病害发生。

（5）改善栽培条件　及时排除田间积水，有条件的可进行膜下滴灌，降低室内湿度，或采用自控电热增温等设施控制昼夜温度的变化，减少病菌繁衍和侵染。

4.5　药剂防治

（1）预防用药　发病前使用50亿cfu/克多粘类芽孢杆菌可湿性粉剂1 000～1 500倍液灌根处理，每株灌稀释液200毫升，或用3%中生菌素可湿性粉剂600倍液整株喷淋灌根。预防用药间隔期15～20天，定期使用可以预防溃疡病发生。

（2）发病初期用药　发病初期及时施药，可选用3%中生菌素可湿性粉剂600～800倍液，或3%春雷·多黏菌悬浮剂800～1 200倍液，或77%氢氧化铜水分散粒剂2 000～2 500倍液，每隔7天喷施1次，连续喷施2～3次。还可选择30%琥胶肥酸铜可湿性粉剂300～500倍液灌根，每株约0.2升，对番茄溃疡病的防治也具有较好效果。田间施药时，铜制剂与其他药剂尽量轮换使用，既可以提高药剂使用效果，又可以降低抗药性风险。

ABM和DL-2-氨基丁酸均为植物诱导剂，可诱导植株获得系统抗性。ABM与氢氧化铜、噻菌铜混合使用的效果优于单一药剂的使用效果。在番茄幼苗感病前喷施500微克/毫升DL-2-氨基丁酸液可诱导植株对番茄溃疡病产生抗性，可使发病率降低54%。

番茄生"斑疹""机油斑"，原来是细菌性斑点病在作怪

番茄细菌性斑点病（Bacterial speck of tomato）也称番茄细菌性叶斑病、斑疹病等，是为害全世界番茄生产的重要病害之一，可造成5%～75%的产量损失。1933年该病首次在美国报道，之后在美洲、欧洲和东南亚一些国家和地区逐渐发生流行，并造成严重损失。20世纪90年代以前，只在我国台湾地区有发现番茄细菌性斑点病的记载。21世纪初，在我国东北及山西、内蒙古、山东、天津等地陆续有该病发生的报道。

近年来，随着我国番茄保护地种植面积的增加，该病发生有上升的趋势。

一般可造成10%～30%的减产，严重的减产在50%以上。2012—2015年，在全国蔬菜病害调查中发现番茄细菌性斑点病发生依然严重，其中新疆（昌吉）、甘肃（酒泉、张掖）、内蒙古（巴彦淖尔）、浙江（台州）、广西（田阳、资源）、辽宁（盘锦）等地发生严重，发病严重的地区田间病株率可达95%以上。

1 番茄细菌性斑点病的田间症状

番茄细菌性斑点病能够在番茄苗期至收获期的整个生长季节造成为害，

主要为害番茄叶、茎、花、叶柄和果实。苗期叶片染病，产生圆形或近圆形暗褐色斑，有黄色晕圈，严重时整株枯死（彩图1）。成株期叶片感染，下部老熟叶片先发病，再向植株上部蔓延，初期在叶片上，产生深褐色至黑色不规则斑点，直径2～4mm，斑点周围有或无黄色晕圈（彩图2），后期连成片（彩图3），最终整个枝条叶片干枯（彩图4）；有时

彩图1　苗期发病整株枯死

彩图2　叶片发病症状

彩图3　叶片病斑连片

也在叶片边缘为害（彩图5）。若病斑发生在叶脉上，可沿叶脉连续串生多个病斑，叶片因病致畸（彩图6）。叶柄和茎秆发病，症状与叶部症状相似，初期产生黑色斑点，病斑周围无黄色晕圈（彩图7），后逐渐扩大（彩图8），病斑易连成斑块，严重时可使一段茎部变黑。为害花蕾时，在萼片上形成许多黑点（彩图9），连片时，使萼片干枯，不能正常开花。幼嫩果实发病初期，有黑色小斑点稍隆起（彩图10），果实近成熟时病斑周围往往仍保持较长时间的绿色，病斑周围果肉略凹陷（彩图11），周围黑色，中间色浅并有轻微凹陷。

彩图4　整个枝条叶片干枯

彩图5　叶片边缘发病症状

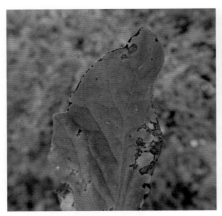

彩图6　叶片因病致畸

彩图7　茎秆初期发病症状

彩图8 茎秆中后期发病症状

彩图9 花萼发病症状

彩图10 果实发病症状

彩图11 病斑周围果肉凹陷

2 番茄细菌性斑点病病原菌

番茄细菌性斑点病的病原菌为丁香假单胞菌番茄致病变种 [*Pseudomonas syringae* pv. *tomato* (Okabe) Young，Dye & Wilkie]，有2个生理小种，小种0和小种1，菌体短杆状，直或稍弯，单细胞，有一至数根极生鞭毛，无荚膜，无芽孢，大小为（0.1 ～ 1.0）微米 ×（1.5 ～ 4.0）微米，革兰氏阴性，在NA培养基上菌落无色透明（彩图12），在含蔗糖的培养基上能产生绿色荧光。丁香假单胞菌番茄致病变种寄主范围窄，仅局限于番

彩图12 病原菌菌落形态

茄类作物，人工接种可为害辣椒、茄子、龙葵、毛曼陀罗和白花曼陀罗。

3 番茄细菌性斑点病的发生规律

病菌可在番茄植株、种子、病残体及土壤和杂草上越冬，成为来年初侵染源。其中种子带菌是最主要的初侵染源，病菌可随种子远距离传播，种子带菌后，幼苗即可发病。幼苗发病后传入大田，并通过雨水、昆虫、农事操作等传播，从而造成流行。潮湿、低温多雨天气有利于发病，通常叶面高湿24小时以上有利于病情的扩展。从开花到直径3厘米的幼果时期果实最易感病。由于25℃以下的温度和80%以上的相对湿度，有利发病，因此对冬、春保护地番茄往往造成严重为害。高于30℃时，病害扩展受抑制。

4 番茄斑点病的防治技术

（1）选用抗病品种　利用抗病品种是防治该病的经济有效措施，应因地制宜地选育和引用抗、耐病高产良种。国外已经筛选出的抗病品种有细叶番茄1126430，秘鲁番茄PⅡ28643、PⅡP26946、PⅡ28652，多毛番茄92BMI03、92BMI70、92BMI78、92BMI93等。但目前国内尚缺乏抗病品种，只有部分耐病品种。

（2）加强检疫　由于该病是一个重要的种传病害，丁香假单胞菌番茄致病变种是欧洲和地中海植物保护组织（EPPO）检疫性有害生物，也是我国检疫性细菌。因此，加强检疫措施，严防带菌种苗进入无病区，可有效控制病原菌随种子进行远距离传播。

（3）种子处理　建立无病留种田，采用无病种苗；在番茄播种前，用55℃的温汤浸种25分钟，或用0.8%醋酸溶液浸种18小时，或用0.5%次氯酸钠浸种20～30分钟，移入清水中洗掉药液，稍晾干后再催芽；或用3%中生菌素可湿性粉剂600～800倍液浸种30分钟，洗净后播种。

（4）适时轮作　与非茄科蔬菜实行3年以上的轮作，以减少初侵染源。

（5）加强田间管理　如保护地番茄发生过此病，在罢园时每亩使用2～3千克硫黄，将秧子连同病株一起熏烟后，再拔除病株，同时做好病残株的处理，切勿随地乱扔；在发病初期防治前应先清除掉病叶、病茎及病果；灌溉、整枝、打杈、采收等农事操作中要注意，以免将病害传播开来；尽量采用滴灌，防止大水漫灌。

（6）药剂防治　发病前使用5亿cfu/克多粘类芽孢杆菌KN-03悬浮剂400～600倍液，或80亿芽孢/克甲基营养型芽孢杆菌LW-6可湿性粉剂800～1 200倍液进行预防。发病初期喷洒77%氢氧化铜可湿性粉剂

1 000 ～ 1 500倍液，或喷施3%中生菌素可湿性粉剂600 ～ 800倍液，或2%春雷霉素水剂400 ～ 500倍液，每10天喷1次，连续喷3 ～ 4次。也可用20%噻菌铜悬浮剂1 000液或20%噻唑锌悬浮剂1 200倍液喷雾防治。尽量选择干燥的下午进行喷雾，可提高防治效果。此外，为延缓病原菌产生抗药性，田间施药注意交叉轮换或混合使用不同有效成分的药剂。

高温多雨季节，需警惕番茄青枯病大暴发

我国南方地区高温多雨，许多番茄产地暴发了严重的青枯病，给当地的农民造成了严重的损失。番茄青枯病属于高温高湿型病害，并可通过土壤进行快速传播，一旦没有及时防治，便会造成大面积的流行，因此需要高度警惕。

1 病害田间症状

番茄青枯病属于系统性病害，主要发生在成株期。发病初期，先是顶端叶片晴天中午萎蔫下垂（彩图1），然后中部和下部叶片逐渐萎蔫、下垂，傍晚恢复正常，持续数天后，不再恢复。有时一侧叶片先萎蔫（彩图2）或整

彩图1　植株顶部叶片萎蔫

彩图2　植株一侧叶片萎蔫

株叶片同时萎蔫下垂（彩图3）。剖开茎部可见髓部中空，维管束变褐（彩图4），湿度大时，用力挤压切面，会有大量白色液体溢出（彩图5）。

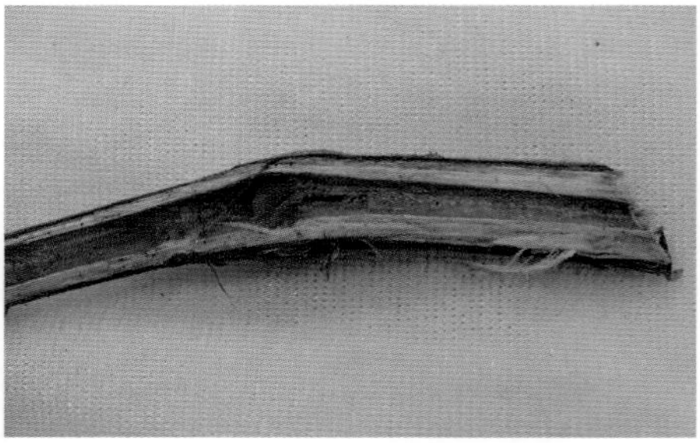

彩图4　髓部中空，维管束变褐

彩图3　植株整株萎蔫

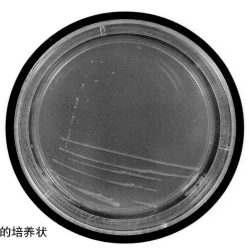

彩图5　白色液体溢出

2　病原菌

番茄青枯病病原菌为茄科雷尔氏菌（*Ralstonia solanacearum*），是一种寄主范围十分广泛的病原细菌（彩图6），可以侵染包括番茄、茄子、马铃薯、辣椒等茄科作物在内的54个科的450多种植物。国际上依据茄科雷尔氏菌在鉴别寄主上的致病性将其分为4个生理小种：小种1、2、3、4；按照对6种碳水化合物

彩图6　番茄青枯病菌在NA上的培养状

的利用情况，可将其分为5个生化型，即生化型Ⅰ、Ⅱ、Ⅲ、Ⅳ和Ⅴ。我国南方等地的番茄青枯病菌生化型都是以Ⅲ型为主，其次是Ⅳ型，生理小种大多为小种1，少数为小种3。

3 引起番茄青枯病大流行的原因

3.1 植物材料的远距离运输

研究表明，种苗可以长时间地携带青枯病菌而进行远距离传播；番茄种子也可以携带病原菌，但是种子感染率与最终植株的发病率没有必然的关系。

3.2 病原菌寄生场所多样

在种植易感品种的连作地块内，青枯病菌的寄生场所十分广泛，包括植物残体、较深层的土壤以及杂草寄主的根际。研究发现，如果条件适宜且种植作物为易感品种，则青枯病菌可在土壤中至少存活4年。青枯病在偏酸性的地块发生严重，而我国土壤的pH由北向南呈渐低的趋势，这可能是我国南方地区番茄青枯病发生较为严重的原因之一。

3.3 温度和湿度因素

温度对于病原菌与植物互作和病原菌在土壤中存活是非常重要的。当环境温度达到30～35℃时，会增加病害的发生率。当环境温度升高时，一些在适温下表现为抗性的植株会变得更加感病。

由于地下水位高或强降雨，导致土壤中水分的大量积累会有利于病害的发生；病原菌在潮湿且排水良好的土壤中存活率较高，而在干燥的土壤和被冲刷的土壤中病原菌的存活率则很低。

4 综合防治措施

4.1 选育抗病品种

选用抗病品种，是控制植物病害较为经济、安全和有效的策略。关于番茄对青枯病的抗性，大多数研究人员认为是由多基因控制的，但也有部分研究认为是由单基因控制的，因此关于番茄抗病性的研究还需深入探讨。

4.2 嫁接防病

嫁接不仅可以抗病，而且由于砧木比接穗原植株根系更发达，吸肥力强，从而使接穗生长更旺盛，可获增产。种植户应根据市场需求和栽培条件，选用生产适应性较强的主栽品种。但由于青枯病菌易变异，砧木很容易丧失抗病性，导致砧木的使用年限较短。因此，需要及时关注嫁接苗的抗病情况。

4.3 土壤消毒

番茄定植前，可使用棉隆、石灰氮等对土壤进行消毒处理。对土壤进行高温处理也可以杀死土壤中的病原菌，当土壤温度为43℃，并且连续处理4天以上，即可消除土壤中的病原菌。

4.4 合理轮作

轮作倒茬可以有效降低田间病原菌的数量，可与水稻等水生作物实行水旱轮作1～2年，可显著降低土壤中的病菌数量。

4.5 土壤改良与生物防治

作为一种土传病原菌，青枯病菌在土壤中的存活除受pH、水分的影响以外，还受土壤质地、钙含量以及土壤微生物群落结构等的影响。有研究表明，随着土壤沙性的增加，番茄青枯病的发病率升高；随着土壤黏性的增加，发病率降低。土壤中钙元素的含量与青枯病的发病率呈负相关，适当提高土壤中钙元素的含量可以提高植株对青枯病的抗性。在连作地块内，由于多年种植番茄，会导致土壤中青枯病菌的大量积累，从而破坏土壤的微生态平衡并导致土壤微生物结构趋于单一，最终导致青枯病的严重暴发。而施用生态有机肥等有机改良剂可以改善微生物的营养，提高土壤微生物的代谢能力，增加微生物多样性。沸石具有很强的吸附能力和离子交换能力，在青枯病发生严重的土壤中添加沸石后，可有效降低青枯病的发生率。

4.6 药剂防治

发病前使用生物农药进行定期预防，可以使用5亿cfu/克荧光假单胞杆菌颗粒剂300～600倍液，或200亿孢子/克解淀粉芽孢杆菌可湿性粉剂300～600倍液，或50亿cfu/克多粘类芽孢杆菌可湿性粉剂1 000～1 500倍液，定期灌根预防，用药间隔期10～15天。

在发病初期，可选用77%氢氧化铜水分散粒剂500～800倍液，或3%中生菌素可湿性粉剂800～1 000倍液，或40%噻唑锌悬浮剂1 000～1 500倍液进行灌根处理，每7天灌1次，连续灌3～5次。同时，应注意药剂轮换使用，避免产生抗药性。

番茄斑萎病毒病症状多样，菜农需做好全面预防

番茄斑萎病毒病是由番茄斑萎病毒（*Tomato spotted wilt orthotospovirus*，TSWV）引起的一种重要病害。据最新报道，该病毒被重新划分为布尼亚病毒目（Bunyavirales）番茄斑萎病毒科（Tospoviridae）番茄斑萎病毒属（*Orthotospovirus*）成员，其寄主

范围广泛，能够侵染84个科1 000多种双子叶和单子叶植物。蓟马可携带并传播番茄斑萎病毒，特别是西花蓟马已成为其重要的传播介体。在我国宁夏、天津、广西、云南等地均有该病毒病的发生与报道。

1 发病症状

番茄斑萎病毒病在番茄上的危害症状变化较大，整株呈系统性侵染。番茄生长期感病后，植株生长迟缓、矮化。随着病情的发展，叶片边缘产生褐色坏死斑（彩图1），当发病严重时，典型叶片症状为病斑增多且颜色变为铜色，叶片增厚（彩图2）。茎部发病，形成褐色坏死条纹斑（彩图3）。严重时，整株叶片皱缩不展，大部分叶片褪绿呈亮黄色。

番茄斑萎病毒侵染果实后症状形态多样，如易产生畸形果，局部隆起（彩图4）；绿果上有褐色同心环纹或呈瘤状突起，果实易脱落（彩图5）；成熟果实转色期着色不均，果面均匀布满橘黄色或淡黄色病斑（彩图6）。此外，感病后的番茄果实大小、风味等也会受到影响，降低其商品价值。

彩图1　叶片边缘产生深褐色坏死斑

彩图2　叶片增厚、铜色

彩图3　茎秆产生褐色坏死斑

彩图4　果实畸形

彩图5　绿果出现褐色同心环纹

彩图6　果面均匀布满橘黄色斑

2　发病规律

番茄斑萎病毒可以通过汁液摩擦接种。蓟马是番茄斑萎病毒在植株间传播的主要媒介，其中西花蓟马是最主要的传播介体。但蓟马只有在幼虫期获得病毒后才能传播病毒，成虫获毒后不能传播番茄斑萎病毒。西花蓟马获毒时间一般为15～30分钟。蓟马获毒后不能立即传毒，病毒需在虫体内进行复制和循环，获毒蓟马终生带毒，但不能经卵传递给后代。带毒蓟马在取食过程中通过唾液将病毒传播到番茄植株。田间管理差、杂草丛生的田块，发病往往更为严重。

番茄种子可以携带斑萎病毒，种子和种苗带毒是番茄斑萎病毒的重要毒源。最新研究表明，番茄种子带毒率高，而传毒率相对较低，TSWV 主要以外种皮表面带毒为主，而不是种胚内。

3 综合防控技术

3.1 加强检疫工作

加强对带毒种子及种苗的检疫，严禁病区种苗进入市场流通。番茄斑萎病毒和西花蓟马都是我国农业检疫性有害生物，各地间加强对番茄斑萎病毒和西花蓟马的检疫工作，防止毒源扩散是防控番茄斑萎病毒病的一个重要措施。

据报道，番茄斑萎病毒多次在辣椒、生菜、莴苣、菜豆、蓖麻种子和马蹄莲、大丽花种球中检测到。因此，加强检疫是重要且有效防控番茄斑萎病毒的手段之一。

3.2 种子消毒

播种前用清水浸种 3 ～ 4 小时，再用 10% 磷酸三钠溶液或 0.1% 高锰酸钾溶液浸种 20 分钟，然后用清水冲洗，催芽播种。也可将干燥种子在 70℃ 下干热消毒数小时。由于不同品种种子对处理温度的耐受力不同，因此需通过预试验确定其最适处理温度，以免种子失活或灭菌不彻底。

3.3 加强栽培管理

田间定植后，应加强肥水及温度的管理，培育壮苗，提高植株抗病力；整枝打杈时发现病株需立即清除，以免扩散；清除田间周围杂草，切断可能的毒源。

3.4 防控传毒媒介

西花蓟马是番茄斑萎病毒病的主要传播媒介，可在田间悬挂蓝色粘虫板，既能监控蓟马种群密度，减少种群基数，还能防止蓟马传播病毒。生产田可以定期使用 50 亿孢子/克球孢白僵菌悬浮剂 1 000 ～ 1 500 倍液进行预防用药。发现蓟马后，可选用 50% 呋虫胺可湿性粉剂 2 000 ～ 3 000 倍液，或 60 克/升乙基多杀菌素悬浮剂 6 000 倍液，或 10% 溴氰虫酰胺悬浮剂 1 000 ～ 1 500 倍液均匀喷雾防治。每隔 7 天喷 1 次，喷 2 ～ 3 次。蓟马的隐蔽性强且容易产生抗药性，应注意轮换用药。

3.5 施用植物生长调节剂和抗病毒药物

番茄生长期可适当喷施锌、硼、钙等叶面肥，促进番茄生长，提高植株抗病能力。同时在病毒病发生初期，可以使用 30% 毒氟·吗啉胍可湿性粉剂 1 000 ～ 1 500 倍液，或使用 20% 吗胍·乙酸铜可湿性粉剂 300 ～ 500 倍液，或 8% 宁南霉素水剂 800 ～ 1 000 倍液，或 6% 寡糖·链蛋白可湿性粉剂 750 ～ 1 000 倍液均匀喷雾，可缓解斑萎病毒病对番茄的危害。

番茄要想长得好，花叶病毒病防治需尽早

番茄花叶病毒（*Tomato mosaic virus*，ToMV）属于帚状病毒科（Virgaviridae）烟草花叶病毒属（*Tobamovirus*），寄主范围较广，不仅能侵染茄科、十字花科等蔬菜作物，还能侵染花卉和苗木等，对寄主尤其是番茄的危害十分严重。近年来，随着地域交流的加强，番茄品种的多样化以及天气的变化，番茄花叶病毒病的症状也呈现多样化，且危害不减。

1　发病症状

番茄花叶病毒能够在番茄的整个生长期进行系统性侵染。苗期感染ToMV往往会造成植株生长迟缓、矮化。感染ToMV的番茄一般会出现黄绿相间的花叶型症状，整株叶片呈现黄化现象，且叶片皱缩，有黑褐色或灰白色小点，逐渐扩散造成整片叶边缘出现黄褐色坏死（彩图1），最后沿叶柄蔓延至茎部，在茎部出现长条状深褐色坏死条斑（彩图2）。

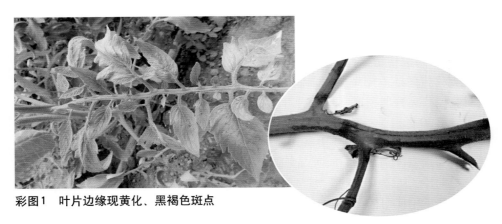

彩图1　叶片边缘现黄化、黑褐色斑点

彩图2　茎部出现深褐色坏死条斑

发病初期番茄果实上出现褐色凹陷病斑，着色不均，表面凹凸不平，形状不规则；随着病情发展，病斑增多，颜色变深，至发病后期变为深褐色僵果（彩图3），果实内部出现轻微变褐（彩图4），导致整个番茄成为不同程度的"花脸"果（彩图5）。

彩图3　发病后期变为深褐色僵果

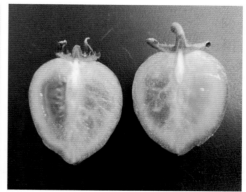

彩图4　果实内部稍显变褐

彩图5　转色期的番茄出现"花脸"症状

2　发病规律

2.1　种苗带毒

种子和幼苗是ToMV的重要传播媒介。种传率主要受寄主品种、病毒株系、环境气候等方面的影响。温度适宜时病毒侵染使植株表现症状，温度过高或过低表现为隐症。

2.2　病残体

ToMV是一种特别稳定的病毒，能在土壤、基质、叶和根的病残体中存活数年。存在于病残体上的病毒粒子可通过根系侵染植株，之后向植株上部运输，在病毒侵染初期，下部果实表现症状，而上部叶片不表现症状。

2.3 农事操作传毒

ToMV主要通过汁液传播，接触摩擦是主要传播途径，如打杈、整枝、绑蔓、嫁接等农事操作，病毒通过接触和摩擦对健康植株进行侵染。带毒植株未及时清理，会导致病害扩散。

3 综合防控技术

3.1 抗病品种的选育

东北农业大学育成的东农711、东农712、东农714等系列品种高抗ToMV、叶霉病等病害，番茄花叶病毒病常发地区可选用。研究表明，含有Tm-22基因的番茄能够特异地抗番茄花叶病毒的ToMV-0、ToMV-1和ToMV-2毒株，Tm-2nv系列基因对ToMV抗性研究还在继续。由于各地区气候、环境、地理位置各不相同，建议种植前进行小规模试验后，再进行推广应用。

3.2 提高认识，加强检疫

ToMV虽不是我国农业检疫性有害生物，但种子能够携带该病毒，2011年我国在韩国进口的番茄种子中检疫出种传病毒ToMV。此外，环境条件不适宜时，种子和幼苗带毒不表现症状，仅从表面难以判断其是否带毒，但病毒可随地区间调运种苗进行长距离传播，因此，应加强对ToMV的检验检疫。

3.3 种子处理

ToMV是种传病毒，因此种植前对种子应进行干热处理（如在70℃或80℃下处理72小时），还可以用10%的磷酸三钠浸种20分钟，清水冲洗后浸泡催芽并播种。不同品种在进行种子干热处理前应先进行小规模预试验，找到合适的处理条件，以确保安全。

3.4 加强田间管理

整枝打杈过程中，及时清除田间病残体和周围杂草、病株，注意用肥皂水洗手，避免直接接触其他植株而引起病毒扩散；地块闲置期配合有机肥和氮肥的合理施用。

3.5 施用植物生长调节剂和抗病毒药物

在番茄花叶病毒病易发期，可以选用0.06%甾烯醇微乳剂1 000～2 000倍液，或24%混脂·硫酸铜水乳剂600～1 000倍液，或1%香菇多糖水剂1 000～1 500倍液，或8%宁南霉素水剂800倍液，或20%吗胍·乙酸铜可湿性粉剂600倍液均匀喷雾，同时配合喷施锌、硼、钙等叶面肥，促进番茄生长，提高植株抗病能力，能够有效降低病毒病危害。

如何清除番茄界"头号杀手"——番茄黄化曲叶病毒病

番茄黄化曲叶病毒病是由番茄黄化曲叶病毒（*Tomato yellow leaf curl virus*，TYLCV，简称TY）引起的一种毁灭性病害，主要通过烟粉虱（*Bemisia tabaci*）传播，造成产量损失可达100%。TYLCV是双生病毒科（Geminiviridae）菜豆金色花叶病毒属（*Begomovirus*）成员，引起的番茄黄化曲叶病毒病在世界各地迅速扩散和蔓延。目前，这一病害已经成为影响全世界番茄生产的主要限制性因素之一。

近年来，随着烟粉虱在世界范围内的大发生，由烟粉虱传播的双生病毒逐年加重，在烟草、番茄、南瓜、棉花等重要作物上造成毁灭性危害。1995年该病传入我国，并逐步由南向北急速蔓延扩展。近几年已在浙江、重庆、广东、广西、云南、上海、山东、河南等地相继发生，对番茄生产构成了严重威胁。据各地植保部门的不完全统计，目前该病在我国的年发生面积超过20万公顷，年经济损失达数十亿元，且其发生危害正由点、片向面发展，严重威胁我国产值近千亿元的番茄产业。

1 发病症状

番茄黄化曲叶病毒病在番茄的整个生长周期均可发生。感病初期主要表现为生长迟缓或停滞，节间变短，植株矮化，叶片变小、变厚，叶质脆硬，叶片褶皱、上卷，叶片边缘至叶脉区域黄化（彩图1、彩图2）；发病中期表现为植株生长迟缓，节间变短，开花推迟或花数变少（彩图3），叶片似"菜花"状；后期表现为整株黄化，满棚"黄花头"，坐果少，果实小，膨大速度慢，成熟期的果实不能正常转色（彩图4、彩图5）。

彩图1 叶片黄化

彩图2　叶片褶皱、上卷　　　　　　彩图3　节间变短

彩图4　整株黄化　　　　　　彩图5　满棚"黄花头"

2　主要传播途径

2.1　烟粉虱传毒

番茄黄化曲叶病毒的主要传播媒介为烟粉虱。烟粉虱有10多种生物型，其中B型烟粉虱繁殖快、适应能力强、传毒效率高，是TYLCV最主要的传播媒介。

烟粉虱的若虫和成虫在刺吸寄主汁液过程中传播TYLCV。在有毒寄主植物上最短获毒时间为15～30分钟，一旦获毒可在体内终生存在，其传毒能力和持毒能力可达14～21天，属于持久性传毒类型。据浙江大学昆虫科学研究所最新报道，TYLCV在烟粉虱中能经卵传播。

2.2　带毒种子、幼苗传播

据报道，感染TYLCV的番茄结果后收获的种子能携带TYLCV，萌发幼苗带毒，且能使健康烟粉虱获毒并完成传毒过程。若苗期染病，病毒则会随商品苗远距离传播，随后被当地烟粉虱侵染后进行近距离传播，造成当地番茄黄化曲叶病毒病的流行。

2.3　嫁接传播

嫁接是传播番茄黄化曲叶病毒的另一个途径。据报道，将感病番茄接穗嫁接到正常砧木上，番茄黄化曲叶病毒可以经接穗传至砧木，造成全株系统发病。

3　发病原因

3.1　烟粉虱持续暴发

许多研究证明烟粉虱的大暴发是导致番茄黄化曲叶病毒病发生严重的主要原因。另外，因保护地独特的栽培模式，烟粉虱在保护地可周年发生，即使在低密度的条件下，也可使病毒病发生扩散和流行，尤其是在多年重茬、肥力不足、耕作粗放的地块发病较重。烟粉虱具有食性杂、繁殖速度快、经卵传播、寄主多、抗药性强、世代交替等特点，防治十分困难。加之近年来气候变暖，使得烟粉虱持续暴发，是造成番茄黄化曲叶病毒病暴发的直接原因。

3.2　工厂化育苗快速发展

大规模工厂化育苗的快速发展加速了病毒远距离的传播，也是番茄黄化曲叶病毒病短时间内大范围严重发生的重要原因。目前工厂化育苗发展迅速，大量番茄商品苗被远距离销售，一旦在育苗期感染病毒，就会随商品苗远距离传播。

3.3　毒源寄主多样化

除番茄、辣椒外，TYLCV易感染的寄主植物还有曼陀罗、烟草、菜豆、苦苣菜、番木瓜等几十种，众多的毒源以及不同茬口的番茄生长季节重叠，使TYLCV得以周年繁殖并造成交叉感染。

4　防治对策

防治番茄黄化曲叶病毒病应遵循"预防为主，综合防治"的防控方针，实施多种措施并举，全程防控的策略，进行综合防治。

4.1　选用抗病品种

利用番茄自身抗性是防控番茄黄化曲叶病毒病最有效途径。当前报道对番茄黄化曲叶病毒病抗性较好的品种有：苏粉16、浙粉702、齐达利、帝利奥、沙丽及瑞克斯旺73-516、74-587等，建议先行小面积试验后再大规模种植。

4.2　培育无病无虫种苗

（1）育苗床通风口安装60目防虫网，悬挂黄色粘虫板，杜绝虫媒。

（2）定植棚清除全部植株、杂草，连续控制10天，同时用敌敌畏烟剂进行熏棚处理1天以上，消灭一切虫源。

（3）种苗定植时，定植穴施用5%吡虫啉颗粒剂（省力宝），控制苗期烟粉虱的发生，每株2～4粒。

4.3　种子消毒

种子干热处理消毒，即将种子经50～60℃预热处理降低种子含水量至4%以下，再在72℃干热条件下恒温处理72小时，取出种子常温放置自然吸湿，待含水量恢复5%左右置低温储藏库储存备用。但干热处理消毒存在一定的风险性，会影响种子发芽率和发芽势，需要对每批种子进行预试验后，再大量处理。

4.4　加强栽培管理

（1）避开烟粉虱高发期（5～6月）种植。

（2）清理棚内外的残枝落叶和杂草，控制外界粉虱进入。

（3）采用银灰色地膜覆盖。

4.5　防控烟粉虱

（1）生物防治　目前用于防控烟粉虱的天敌主要有寄生性天敌丽蚜小蜂、捕食性天敌瓢虫、草蛉等。

（2）物理防治　在远离病害发生的地方育苗，使用40～60目防虫网，避免苗期感染。露地栽培时，建议在植株生长的早期阶段加盖防虫网，能一定程度地减少或延迟病毒侵染。利用烟粉虱的趋黄习性，设置黄色粘虫板，诱杀成虫。

（3）化学防治　根据黄板监测，交替使用高效低毒农药进行化学防治。可在定植前用5%吡虫啉颗粒剂3～5粒每株，或定植后用25%噻虫嗪水分散粒剂7 500倍液灌根预防；在粉虱发生初期，可选用10%烯啶虫胺水剂1 000～2 000倍液，或24%螺虫乙酯悬浮剂1 500～2 000倍液喷雾防治；如棚室内烟粉虱发生数量较多，可每亩用15%敌敌畏烟剂300～400克熏烟防治，于傍晚闭棚后点燃，熏8～10小时。

4.6　化学防控病害

番茄黄化曲叶病毒病当前没有防治的特效药剂，田间定植后可以采用2%香菇多糖水剂1 500～2 000倍液灌根处理进行预防，生长期定期使用5%氨基寡糖素水剂750～1 000倍液喷雾预防。田间一旦发现病株，要立即拔除并进行销毁，同时用2%宁南霉素水剂500～800倍液，或40%烯·羟·吗啉胍可溶性粉剂600～800倍液，或30%毒氟·吗啉胍可湿性粉剂750～1 000倍液，或20%盐酸吗啉胍可湿性粉剂600倍液均匀喷雾防治，防止病害进一步传播蔓延。

番茄褪绿病毒太猖狂，防粉虱，巧预防

番茄褪绿病毒病是近年来在我国番茄上一种新发生的病害，该病发生非常严重，并有暴发流行的趋势，能够引起番茄产量和品质下降，已逐渐成为危害我国番茄生产的一种重要的病毒病。

番茄褪绿病毒病最早于1998年在美国佛罗里达州发现，随后在世界多地陆续有报道。我国首先于2004年在台湾有报道，2012年在北京首次检测出番茄褪绿病毒。目前，北京、山东、河北、天津相继发生并呈大暴发之势，并以四省（直辖市）为中心，向其他地区迅速蔓延。山西、陕西、浙江及内蒙古等地已经有该病发生的报道，给当地番茄生产造成了严重为害。番茄褪绿病毒病发病率高且传播快，造成果实商品性下降，感病植株一般减产20%～40%，给种植户造成巨大损失。

番茄褪绿病毒的寄主范围广泛，可侵染7个科25种植物，其中以茄科寄主比较多，如番茄、辣椒等。

1 发病症状

发病初期，症状表现不明显，随着病情的发展，叶脉间表现明显的脉间褪绿黄化症状（彩图1），叶片变厚，边缘卷曲变脆，发病由老叶向新叶发展，最后叶片干枯脱落。结果期，叶片局部凸起皱褶，叶缘卷曲，同时在病叶上发现大量的粉虱（彩图2）。另外，在番茄果实表面出现零星水渍状小型斑点（彩图3），

彩图1 叶脉间褪绿黄化 　　彩图2 叶片凸起，伴有粉虱 　　彩图3 水渍状小型斑点

果面伴有浅色带状斑纹（彩图4），发病果实变小，颜色偏白，不能正常膨大，失去商品价值，严重时，可造成绝产。

彩图4　浅色带状斑纹

2　病原菌

引起番茄褪绿病毒病的病原为番茄褪绿病毒（*Tomato chlorosis virus*，ToCV），属长线形病毒科（Closteroviridae）毛形病毒属（*Crinivirus*）。ToCV为二分体正单链RNA病毒。

3　传播方式

ToCV不能通过机械摩擦方式进行传播，只能依靠媒介昆虫传播，主要媒介昆虫为B型烟粉虱、Q型烟粉虱、A型烟粉虱、温室白粉虱和纹翅粉虱。这几种粉虱的传毒效率差异较大，其中纹翅粉虱和B型烟粉虱的传毒效率较高，A型烟粉虱和温室白粉虱的传毒效率则较低。纹翅粉虱带毒时间长达5天，B型烟粉虱带毒时间为2天，而A型烟粉虱和温室白粉虱只能带毒1天，虽然传毒效率有差异，但都可以进行有效的传毒。

4　难以防控的原因

4.1　易发生误诊

番茄褪绿病毒病在发病初期容易与生理性缺镁和营养失调症状混淆，在诊断时，易造成误诊，耽误最佳治疗时机。同时，该病还易与番茄黄化曲叶病毒病混合发生，增加防控的难度。

4.2　病毒具有潜伏性

番茄褪绿病毒有潜伏侵染的特性，幼苗感染病毒后有时不显症状，3周后才出现症状，增加了该病毒通过种苗调运传播扩散的风险。

4.3　传播媒介难以控制

传播番茄褪绿病毒病的粉虱种类较多，且烟粉虱体型小，繁殖速度快，寄主广泛，一般只要烟粉虱携带ToCV，当地寄主作物就容易受到侵染。

4.4 抗病品种缺乏

目前国内外尚没有针对番茄褪绿病毒病的抗病品种。

5 综合防控技术

5.1 加强病毒病识别能力和防治意识

ToCV发病初期症状不明显，类似生理性病害，若不及时采取有效措施，延误防治。因此，蔬菜主产区各级植保部门应加强对ToCV危害的防治指导，制定相应的防治措施，提高防治意识，引导菜农采取相应的防控工作。

5.2 加强栽培管理

番茄定植后加强栽培管理，促进植株健壮生长，提高抗病能力；注意通风换气，避免棚内高温；结合整枝打杈，及时发现病株并清除。另外，及时清理田间杂草，减少粉虱的寄主植物。

5.3 切断传播媒介

生产中可采用农业、物理措施和化学药剂相结合进行防控。高温、干燥的环境是粉虱活动高峰期，各地区可以适当提前或延后番茄定植时期，避开粉虱活动高峰期；也可在大棚风口处加装防虫网或在棚内悬挂黄色粘虫板，既能监控粉虱种群的密度，还能防止粉虱传播病毒；在番茄定植时，田间每穴施用5%吡虫啉颗粒剂3～5粒（500克/亩），可以有效防治粉虱，切断ToCV的侵染源；在粉虱发生初期，可选用10%烯啶虫胺水剂1 000～2 000倍液，或24%螺虫乙酯悬浮剂1 500～2 000倍液喷雾防治，每隔7天喷1次，喷2～3次，注意轮换用药；若棚室内粉虱发生数量较多，可每亩用15%敌敌畏烟剂300～400克熏烟防治，于傍晚点燃，闭棚熏8～10小时，可防治粉虱以及其他传播介体，控制ToCV的传播与蔓延。

5.4 使用生长调节剂和抗病毒药物

在番茄的生长前期，可以喷施含锌、硼、钙等成分的叶面肥，增强植株的抗病能力，培育壮苗。发病前定期使用5%氨基寡糖素水剂750～1 000倍液或2%几丁聚糖水剂600～1 000倍液喷雾预防。发病初期，用20%盐酸吗啉胍可湿性粉剂500倍液，或40%烯·羟·吗啉胍可溶性粉剂600倍液，或6%寡糖·链蛋白可湿性粉剂750倍液，或20%吗胍·乙酸铜可湿性粉剂600倍液，或24%混脂·硫酸铜水乳剂600～1 000倍液均匀喷雾，防止病害进一步传播蔓延。

辣 椒 病 害

认清辣椒白粉病，防控攻略看这里

辣椒白粉病在我国60年前便有记载，但一般发生较轻，不需要防治。近10年来，该病在我国许多设施和露地栽培地区经常严重发生，在设施环境较好的寿光等地，白粉病已成为设施栽培辣椒最重要的叶部病害之一。长期以来，菜农对于辣椒叶片上的白色霉层的辨别一直模糊不清，经常会将白粉病误认为"辣椒霜霉病"，导致错误用药，错过最佳防治时期。现将笔者积累的有关辣椒白粉病识别与防治方面的经验和资料整理出来，以便为病害诊断和控制提供参考。

1 辣椒白粉病症状

白粉病主要为害辣椒叶片，严重时嫩茎和果实也能受害。辣椒白粉病为害叶片时，可产生两种症状。症状一：叶面出现黄色褪绿斑。发病初期叶面出现数量不等、形状不规则的较小褪绿斑（彩图1），叶背出现稀疏状霉层；褪绿斑向四周迅速扩展，导致叶面大部分褪绿（彩图2），叶背白色霉层增多（彩图3），呈交织状。症状二：叶面出现坏死斑。一些辣椒品种感病后叶面组织出现变黑坏死（彩图4），且叶正、背面均可见。该症状初期叶背不易出现白色霉层，后期霉层较稀薄（彩图5）。发病严重的植株坏死斑覆盖整个叶面，严重阻碍了光合作用（彩图6）。近年来该症状出现较频繁。

在田间多为两种症状混合发生，形成巨型融合病斑，终使全株黄化、萎蔫，叶片易脱落。发病严重时植株生长受阻，果实生长畸形（彩图7）。辣椒白粉病与其他同类的白粉病相比，霉层的生长状况明显

彩图1 叶片正面出现黄色褪绿斑

稀且薄。辣椒白粉病的霉层一般出现在叶背，只有对白粉病非常敏感的品种，霉层才会在叶面出现。

彩图2　褪绿斑扩展连成片　　彩图3　叶片背面着生白色霉层　　彩图4　发病初期坏死斑

彩图5　坏死斑叶背面稀薄霉层　　　　彩图6　坏死斑发生较严重的植株

彩图7　田间发病症状

2　辣椒白粉病病原菌

辣椒白粉病病原菌的无性世代为辣椒拟粉孢 [*Oidiopsis taurica*（Lev.）Salm.]，属子囊菌门拟粉孢属；有性世代为 [*Leveillula taurica*（Lev.）Arn.]，属子囊菌门内丝白粉菌属鞑靼内丝白粉菌。辣椒拟粉孢菌的形态特征：菌丝体内外兼生，菌丝上有吸器，伸入寄主细胞内吸取营养。分生孢子梗由气孔伸出，形成无性繁殖体，分生孢子梗一般较细，散生，无色，有分隔，大小为（112～240）微米×（3.2～6.4）微米（彩图8）。分生孢子无色，单个生于孢子梗的顶端，一般有两种类型：初生分生孢子为烛焰状，顶端尖，基部缢缩，表面很粗糙，有疣状或长条状突起；次生分生孢子多为圆柱形或长椭圆形，大小为（44.8～72.0）微米×（9.6～17.6）微米（彩图9）。

文献报道的有性态描述：闭囊壳埋生于菌丝中，近球形，直径140～250微米，附属丝丝状，与菌丝交织，不规则分枝，内含子囊10～40个。子囊近卵形，大小为（80～100）微米×（35～40）微米，其中多含子囊孢子2个。

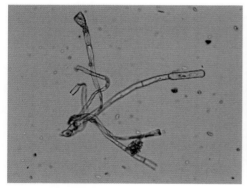 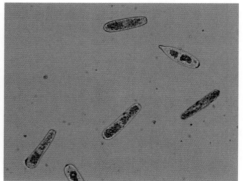

彩图8　病菌分生孢子梗　　　　　彩图9　两种类型分生孢子

3　辣椒白粉病发生规律

3.1　侵染循环

在我国北方，病原菌一般随病叶在地表越冬。在南方辣椒常年种植区，病原菌以分生孢子在冬作辣椒或其他寄主上存活，第2年条件适宜时，分生孢子萌发产生芽管侵入寄主。病部产生的分生孢子侵染新生的叶丛，以后又在病部产出分生孢子进行再侵染。该菌主要借助风力传播，也可通过雨水滴溅、昆虫介体进行传播。另外，农事操作也是白粉病菌传播的一个主要途径。

3.2 影响病害发生发展的主要因素

（1）温度 辣椒白粉病菌分生孢子在10～37℃时均可萌发，最适温度为20℃。当日平均气温高于15℃时，病情指数急剧升高，病害发展很快，而日平均气温低于13℃时，病害发展缓慢。一般25～28℃和稍干燥条件下该病流行。

（2）湿度 辣椒白粉病侵染需要一定的空气湿度，温室内湿度大，菌丝生长慢，但分生孢子萌发侵染概率大；而温室内湿度小，分生孢子萌发侵染概率小，但菌丝生长快，产孢量增大，所以白粉病在忽干忽湿的环境中发生严重。

（3）温室管理 温室辣椒可周年发生此病，温室内种植密度大，光照不足，通风不良，水肥管理不当等，均有利于病害发生。

3.3 发生特点

（1）病害发展与叶位及生长期的关系 辣椒白粉病经常最先在第6～10叶位的叶片上发病。辣椒不同生长阶段，对白粉病的抗性不同，结果期比初花期和幼苗期的植株更易感病。

（2）周年发生规律 日光温室辣椒在8月底育苗，此时露地栽培辣椒和部分未拉秧的温室栽培辣椒处于发病期，分生孢子通过气流传播至苗床。幼苗初感病后症状不明显，整个冬季病原在越冬幼苗叶肉组织内潜伏生长，待翌年4～5月日照延长、棚温升高后菌丝开始产孢，在叶片上形成分生孢子霉层，再通过气流和农事操作，在温室内传播为害。

4 白粉病菌的寄主范围

辣椒拟粉孢可侵染辣椒、番茄、马铃薯等茄果类蔬菜。此外，还可侵染葱、姜、蒜、西芹、芫荽等。

5 辣椒白粉病防治措施

5.1 农业防治措施

施用充分腐熟的有机肥，增施磷、钾肥，培育健壮植株，提高植株的抗病能力；合理密植，加强田间通风透光；加强水分管理，浇水选择在晴天上午进行，做到膜下浇水，控制田间湿度，避免田间忽干忽湿。灌水次数一般春季间隔15天，夏季间隔10天，冬季间隔20天。

5.2 科学用药，化学防治

（1）定植前棚室消毒杀灭菌源 炎热的夏季可以在彻底清除田间病残植株后进行高温闷棚，能够有效减少各种病原菌的数量。当没有高温闷棚条件时，如早春茬蔬菜栽培，可以采用硫黄熏蒸的方式对全棚进行熏蒸，清除死角，减少初侵染源。这种方法，在生长期空棚时，可以比较有效地防控白粉病。值得注意的是，在使用硫黄熏蒸的过程中，要提前做好安全试验，确定安全后，再大面积应用或持续使用。

（2）科学使用化学药剂进行防治　辣椒白粉病菌在营养生长阶段菌丝都藏在叶片里面，等到产生繁殖体才伸出叶面。一旦发现病斑，再用药防治就比较困难。因此，防治辣椒白粉病一定要早，应在病害发生高峰期提前喷施保护性杀菌剂，注意喷施叶片背面。

在发病初期，只有少数叶片出现褪绿的黄色斑点时，可及时用1 000亿芽孢/克枯草芽胞杆菌可湿性粉剂1 000～1 500倍液进行喷雾防治，以使病害能够得到有效的控制。在发病中期，植株的中上部叶片、嫩叶甚至叶柄、茎和果实也形成白色病斑，此时应同时使用触杀型和内吸性杀菌剂，防治的药剂有：25%乙嘧酚磺酸酯800～1 200倍液，40%苯甲·吡唑酯悬浮剂1 500～2 500倍液，20%吡噻菌胺悬浮剂2 000～3 000倍液，43%氟菌·肟菌酯悬浮剂4 000～5 000倍液，注意药剂的轮换使用，防止产生抗药性。7～10天喷1次，连续喷洒2～3次。

多地辣椒炭疽病大暴发，为什么？有防治妙招吗

辣椒炭疽病是一种严重影响辣椒产量及品质的真菌病害。长期以来，各大主产区均发生过此病危害成灾的状况，给辣椒生产带来巨大的损失。2006年湖南省辰溪县的田湾、潭湾、龙头庵等乡镇种植的辣椒品种汴椒1号、红果王、中椒6号、中椒7号及甜椒品种中椒5号、京甜3号等暴发辣椒炭疽病，平均减产70%，严重的达90%以上，并提前拉秧，椒农损失惨重。2007年内蒙古鄂尔多斯7～9月，由于雨水多，空气湿度大，造成碧玉尖椒辣椒炭疽病的大发生。2009年陕西陇县线辣椒炭疽病发生普遍，严重影响了线辣椒的产量和品质。2011年甘肃陇南成县，年平均气温10～12℃，年降水量620～900毫米，造成加工干椒、厚皮甜椒、螺丝椒、泡椒等辣椒品种炭疽病的大发生，极大地制约了当地辣椒的生产。2014年7～9月，天津宁河地区甜椒、朝天椒炭疽病发生面积达2 000公顷（3万亩），占辣椒播种面积的81.6%，损失惨重。

为什么辣椒炭疽病经常性暴发？炭疽病暴发前、中、后，种植户应该采取哪些措施有效防治呢？

1 辣椒炭疽病症状

辣椒苗期和成株期均可被炭疽病菌侵染，通常以果实发病为主，叶片发病较轻。若种子带菌，苗期发病植株表现为须根少，出芽后腐烂，幼苗干枯萎蔫，子叶病斑深褐色或干枯。叶片发病，边缘呈褐色水渍状斑点；果实发病形成轮纹、凹陷、坏死斑，发病严重时，整株果实95%以上染病（彩图1、彩图2）。

彩图1　辣椒炭疽病田间症状

彩图2　辣椒炭疽病整株症状

不同炭疽病菌引起的辣椒炭疽病症状有所不同：

（1）由盘长孢状刺盘孢（*Colletotrichum gloeosporioides*）引起的辣椒炭疽病，叶部形成不规则形或近圆形斑点，直径2～3毫米，中央淡褐色，边缘褐色或暗褐色，具同心轮纹，上生小黑点（载孢体）（彩图3）；果实发病，形成圆形轮纹斑点（彩图4），该病菌多侵染未成熟的绿色辣椒果实和有伤口的成熟红色果实，不侵染无伤口的成熟红色果实。潮湿时病斑上着生橙黄色黏质小点，干燥时病部干缩变薄。

彩图3　盘长孢状刺盘孢侵染叶片症状

彩图4　盘长孢状刺盘孢侵染果实症状
（形成橙黄色轮纹斑）

（2）由黑色刺盘孢（*C. nigrum*） 引起的辣椒炭疽病，叶部初生水渍状病斑，圆形至近圆形，干燥后易破裂，病斑上轮生小黑点（载孢体）（彩图5）；果实成熟时发病，病斑不规则形，褐色，稍凹陷，微具轮纹，上生小黑点（彩图6）。

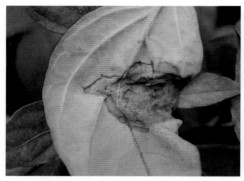
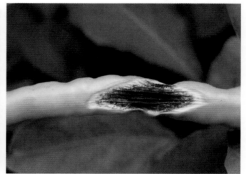

彩图5　黑色刺盘孢侵染叶片症状　　　　**彩图6　黑色刺盘孢侵染果实症状**
（病斑上密生黑色小粒点）

（3）由平头刺盘孢（*C. truncatum*） 引起的辣椒炭疽病，叶部初生水渍状、暗绿色小病斑，渐变为近圆形、褐色或暗褐色斑，边缘呈黄色，干燥后易破裂，病斑上轮生小黑点（载孢体）；果实发病，病斑不规则形，褐色，稍凹陷，微具轮纹，上生小黑点（彩图7），病斑与黑色炭疽菌的症状很像，但黑色炭疽菌病斑上着生的小点较大，颜色更黑。

（4）由短尖刺盘孢（*C. acutatum*） 引起的辣椒炭疽病，叶片上的病斑近圆形，中央灰白色，边缘汇合成大斑，上生小黑点（载孢体）；果实上的病斑圆形，淡褐色水渍状，后期凹陷，上生粉红色黏粒（彩图8）。

彩图7　平头刺盘孢侵染果实症状　　　　**彩图8　短尖刺盘孢侵染果实症状**
（病斑上密生黑色粒点）　　　　　　　　　　（病斑上密生粉红色小粒点）

2　辣椒炭疽病病原菌

辣椒炭疽病菌无性型为炭疽菌属（*Colletotrichum*），有性型为小丛壳菌属（*Glomerella*）。1890年首次报道的辣椒炭疽病，经鉴定病原为盘长孢状刺盘孢［*C. gloeosporioides* (Penz.) Penz. & Sacc.］。目前，世界上已经报道的可侵染辣椒的炭疽病菌有35种，其中国内报道的有14种，普遍发生的主要由以下4种。

（1）盘长孢状刺盘孢（*C. gloeosporioides*）　又称红色炭疽菌或胶孢炭疽菌。载孢体盘状（彩图9），散生，黑褐色，顶端不规则开裂，刚毛少，直立，褐色。分生孢子圆柱形（彩图10）、近椭圆形，无色，单胞，大小为（11 ~ 21）微米 ×（4 ~ 6）微米。

（2）黑色刺盘孢（*C. nigrum* Ellis & Halst.）　或称黑色炭疽菌。载孢体盘状，暗褐色，刚毛暗褐色，分生孢子长椭圆形，大小为（12 ~ 15）微米 ×（4 ~ 6）微米。

（3）平头刺盘孢［*C. truncatum* (Schwein.) Andrus & W. D. Moore］　亦曾称辣椒刺盘孢。载孢体盘状（彩图11），多聚生，黑色，顶端不规则开裂。刚毛散生于载孢体中，数量较多，暗褐色。分生孢子镰刀形（彩图12），顶端尖，基部钝，无色，单胞，大小为（22 ~ 26）微米 ×（4 ~ 5）微米，内含油球。

（4）短尖刺盘孢（*C. acutatum* J. H. Simmonds）　又称尖孢炭疽菌。载孢体盘状，表生，黑褐色，无刚毛。分生孢子梭形，无色，单胞，大小为（10 ~ 16）微米 ×（2 ~ 4）微米。

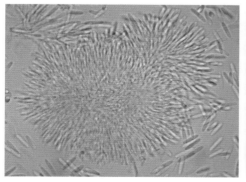

彩图9　盘长孢状刺盘孢分生孢子盘

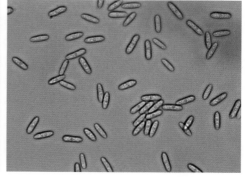

彩图10　盘长孢状刺盘孢分生孢子

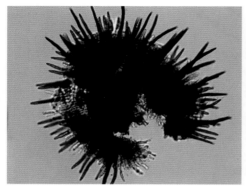
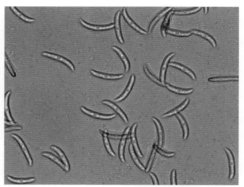

彩图11　平头刺盘孢分生孢子盘　　　　　彩图12　平头刺盘孢分生孢子

3　辣椒炭疽病发生规律

辣椒炭疽病病原菌主要以菌丝和分生孢子在病残体和土壤中越冬，也可以在转主寄主（如其他茄科和豆科植物）上越冬，或附着在种子表面和种皮内部越冬和传播；亦可形成微菌核在土壤中越冬或度过不良环境，而且这些微菌核可在土壤中存活数年，进而成为翌年发病的初侵染源。常年连作、发病田块收获后不及时清理田间病果，是造成第2年病害发生的主要侵染源。

田间辣椒炭疽病的发生受多种环境因子的影响，如温度、降水强度、降水持续期、作物种植密度、病原菌初侵染基数等。辣椒炭疽病菌在温暖潮湿的环境条件下易发病，温度27℃左右、相对湿度80%左右是发病的最佳条件，相对湿度低于70%不利于病害发生。此外，高温多雨、排水不良、常年连作、种植密度大、施肥不当或施氮肥偏多、通风状况不良都会加重炭疽病的发生和流行。另外，高温强光容易引发日灼病，对果实造成创伤后，有利于炭疽病菌的寄生和入侵。夏季雨水频繁，田间雨水返溅会增加辣椒植株接触炭疽病菌的机会。

辣椒炭疽病是一种重要的潜伏侵染病害，病害潜育期为3～5天，许多辣椒果实在采收前无发病症状，直到辣椒成熟时才表现明显症状，在这期间，病原菌的附着胞附着在未成熟的果实表面，当果实发生生理变化时，病原菌开始侵染果实并表现症状。不同的炭疽病菌侵入方式不同，此外，在辣椒的不同生育期，不同的辣椒炭疽病菌表现的侵染力也不同，如平头刺盘孢主要侵染红色成熟果实，而短尖刺盘孢和盘长孢状刺盘孢可同时侵染成熟和未成熟的果实。

4　辣椒炭疽病防治

应根据当地生产特点，积极选用抗病品种，并结合农业栽培、种子处理、药剂防治等措施进行综合防治。

4.1　选用抗病品种

选育并引进抗病品种是控制辣椒炭疽病最直接有效的途径。但由于缺少可用的抗病材料，到目前为止世界上育成抗炭疽病的商业化辣椒品种极少。汪爱娥等2005年对河南等地的辣椒品种进行抗性鉴定，发现春椒6号、春椒19、郑椒505等抗病性较好，但需要进一步试验与推广。一般辣味强的品种较抗病。

4.2　农业栽培措施

合理轮作可避免连年种植造成病原菌积累，生产上应注意不能与茄果类、瓜类蔬菜如番茄、茄子、马铃薯、黄瓜等进行轮作，最好选择与大田作物如玉米等进行轮作。加强田间管理，高畦深沟种植便于浇灌和排水，降低畦面和田间湿度。合理密植，选择适宜的种植密度至关重要，密度过高易导致田间通风不畅，湿度大，利于病害发生。田间一旦发现病果、病株，应及时摘除或拔除以防病害蔓延。

4.3　种子处理

辣椒炭疽病是重要的种传病害之一，病原菌多以菌丝潜伏在种子内，或以分生孢子附着在种子表面，种子携带病原菌后，可带菌传播，在环境条件适宜的情况下引起病害的流行。因此，在播种前，应进行适当的种子处理，减少病害发生。

（1）种子消毒　选种时应选择无病种子并进行种子消毒。种子消毒方法：在冷水中预浸6～10小时，再用1%硫酸铜溶液浸泡5分钟，取出后拌入少量熟石灰粉或草木灰，立即播种；也可用50%多菌灵可湿性粉剂500倍液浸种1小时，冲洗干净后催芽播种。

（2）种子包衣　于播种前可用0.5%咪鲜胺悬浮种衣剂按药种比1∶60进行包衣处理，可有效防止炭疽病的发生。

4.4　药剂防治

对辣椒炭疽病应尽早发现、及时用药防治。田间防治辣椒炭疽病的药剂较多，可使用25%咪鲜胺乳油2 000～3 000倍液，10%苯醚甲环唑水分散粒剂1 000～1 500倍液，22.5%啶氧菌酯悬浮剂2 000～2 500倍液，250克/升吡唑醚菌酯乳油1 800～2 500倍液，43%氟菌·肟菌酯悬浮剂2 500～3 500倍液，325克/升苯甲·嘧菌酯悬浮剂1 500～3 000倍液，20%二氰·吡唑酯悬浮剂1 500～2 000倍液，每隔10～15天喷雾1次，连续喷2～3次；或用75%百菌清可湿性粉剂600～700倍液，发病初期喷雾，也可有效防治辣椒炭疽病。

辣椒变成"大花脸"，原来是"灰霉"惹的祸

由灰葡萄孢（*Botrytis cinerea* Pers.）引起的灰霉病是温室大棚茄科蔬菜一种常见病害，20世纪80～90年代，以番茄、茄子受害严重，近些年来辣椒灰霉病在山东、河北、辽宁、北京等地有日益加重的趋势。辣椒苗期和成株期均可感染灰霉病，植株的地上部分包括叶、花、果实、茎均可受害，不同部位症状表现不尽相同。

1 叶片染病

叶片从叶尖或叶缘发病，致使叶片灰褐色腐烂或干枯，湿度大时可见灰色霉层。当病花坠落在叶片上后，叶片易感染灰霉病，病斑向周围扩展，湿度大时着生灰色霉层（彩图1）。当温、湿度适宜时，掉落的病花还可感染叶柄，初为褐色水渍状病斑，后病斑部分缢缩、变细，叶柄部折断（彩图2）。

彩图1 病花落到叶片上引起叶片发病　　　　彩图2 叶柄发病

2 茎部染病

苗期茎部染病后会折断。病花落到茎基部，引起茎部染病，初为条状或

不规则水渍状斑，深褐色，后病斑环绕茎部，湿度大时生较密的灰色霉层（彩图3），有时植株茎部轮纹状病斑明显绕一周，病处凹陷缢缩，不久即造成病部以上死亡。近年来在山东等保护地蔬菜种植基地，茎基部发病日益加重，严重时造成植株死亡。

彩图3　茎部发病后折断

3　花器染病

彩图4　花器发病后向茎部蔓延

发病初期花瓣呈现褐色小型斑点，后期整个花瓣呈褐色腐烂，花丝、柱头亦呈褐色。病花上初见灰色霉状物，随后从花梗到与茎连接处（彩图4）开始染病，在茎上下左右蔓延，病斑呈灰色或灰褐色。

4　果实染病

病菌多自蒂部、果脐和果面侵染果实，侵染处果面呈灰白色水渍状，后发生组织软腐（彩图5），造成整个果实呈湿腐状，湿度大时部分果面密生灰色霉层。

5　果实染病新症状

辣椒果实上出现了类似番茄果实的"花脸斑"，国外称这种果实症状为"鬼魂斑"（ghost spot）。在近几年的田间调查中笔者发现，我国也有该

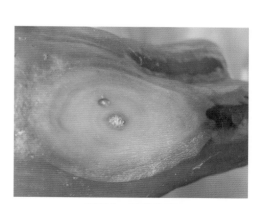

彩图5　果实发病

种症状。病斑圆形，较小，直径为
1～2厘米，外缘白色，有晕圈，中
央有黑色小点，似鸟眼状（彩图6）。
随病情发展，病斑中央凹陷（彩图
7），病斑可以连成片（彩图8），发
病严重的果面呈干腐状（彩图9），
严重影响果实品质。经分离、接种
鉴定，确认为灰葡萄孢（*Botrytis
cinerea* Pers.）引起的辣椒果实灰霉
病（彩图10）。

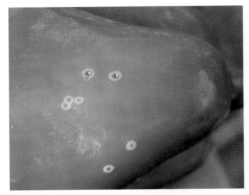

彩图6　新症状初期病斑

彩图7　病斑中央凹陷

彩图8　病斑连成片

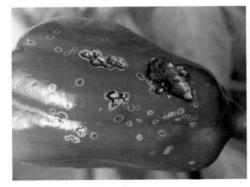

彩图9　发病后期果面呈干腐状

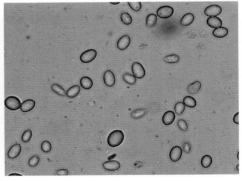

彩图10　病原菌分生孢子

辣椒"糊叶病"（尾孢叶斑病）切不可糊糊涂涂治

近年来辣椒种植面积逐步增加，随之病害发生情况也日趋严重且种类愈加复杂。笔者在2014—2015年对贵州辣椒病害进行调查研究时发现，一种被当地农户称为"糊叶病"的病害在遵义、绥阳、大方、黔西、独山等县辣椒主产区发生严重，重病田发病率在70%以上。由于病原不清，导致当地农户不能准确诊断该病，无法采取有效的防治措施。经对从病区采集的病样进行鉴定，发现是由辣椒尾孢菌（*Cercospora capsici* Heald & F. A. Wolf）侵染引起的真菌类病害，现将由辣椒尾孢引起的辣椒尾孢叶斑病的发病症状和防治技术介绍如下。

1 辣椒"糊叶病"发病症状

该病害最先为害叶片，一般老叶容易被侵染发病，然后蔓延至新叶、茎秆直至果实。病斑叶两面生，圆形或近圆形，直径0.4～0.9毫米，初期为灰白色小斑点，边缘有褐色晕圈，无轮纹（彩图1）；随着病斑逐渐扩大，颜色加深，为浅褐色、灰褐色至深褐色轮纹状，中央灰白色，边缘围以暗褐色细圈（彩图2）；叶背面斑点颜色较正面深，浅褐色至灰褐色轮纹状，中央呈暗灰色至浅褐色（彩图3）；茎秆上病斑呈梭形，初期单个病斑颜色与叶片一致（彩图4），后期多个病斑连成片，颜色呈深褐色（彩图5）。叶柄发病病斑处可产生缢缩，后期导致叶片脱落（彩图6）。

彩图1　初期灰白色小斑点具褐色晕圈

彩图2　后期病斑正面症状

彩图3　后期病斑背面症状

彩图4　茎秆病斑呈梭形

彩图5　多个病斑连成片

彩图6　叶柄病斑处缢缩

2　辣椒"糊叶病"病原菌

辣椒"糊叶病"病原菌为辣椒尾孢（*C. capsici*），无性型属丝孢纲丝孢目尾孢菌属真菌。子实体叶两面生，子座较小，由少数褐色球形细胞组成（彩图7）。分生孢子梗3～9根稀疏簇生至紧密簇生，浅褐色至褐色，顶部几近无色，直立或弯曲，不分枝，1～5个屈膝状折点，顶部圆锥形平截或近平截，1～7个隔膜，大小为（20.0～145.5）微米×（2.7～6.2）微米，孢痕明显加

彩图7　子座由少数褐色球形细胞组成

厚而暗，宽1.8～3.6微米（彩图8）。分生孢子针形，无色，直立或弯曲，顶端尖细，基部平截，基脐明显加厚而暗，隔膜不明显，大小为（29.5～225.5）微米×（2.4～5.2）微米（彩图9）。尾孢菌属与假尾孢菌属形态相似，但分类特征明显不同，假尾孢菌属的分生孢子在孢子梗脱落处无明显疤痕，分生孢子倒棍棒形至圆柱形，多数浅青黄褐色，直或弯曲。

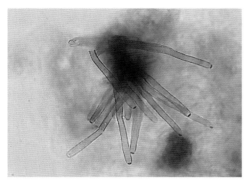 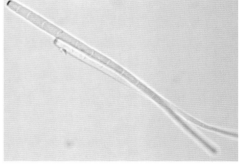

彩图8　分生孢子梗孢痕明显加厚　　　　彩图9　分生孢子无色针形

3　病原传播途径和病害流行因子

病菌以分生孢子及菌丝体在植株病残体上或土壤表层越冬，也可附着在种子上越冬，成为翌年初侵染源。

3.1　病原传播途径

（1）种子带菌　病原菌能以菌丝体潜伏于种子内部，或以分生孢子附着于种子表面越冬，通常可存活2年以上。种子的运输可完成病原菌的远距离传播，播种带菌辣椒种子后植株遇到高温高湿天气容易发病，从而使得病原菌异地侵染繁殖。

（2）风雨和灌溉水传播　风吹、下雨或田间灌溉时病原菌分生孢子随风传播或是土壤和病残体中的菌丝体随水滴飞溅或径流传播到附近健康植株，从而在田块内蔓延。

（3）农事操作传播　进行农事操作的人员会将病原菌的分生孢子携带到健康植株上，当田间湿度大时病原菌的分生孢子易萌发造成再次侵染。

3.2　病害流行因子

（1）气候条件　辣椒种植环境的温、湿度对病害发生与流行起决定性作用。高温高湿、多雨多露容易造成病害大面积发生，相对湿度80%开始发病，湿度越大发病越重。据报道，辣椒尾孢菌丝生长的适宜温度为20～28℃，最适温度为25℃；分生孢子萌发适宜温度为20～30℃，最适温度25℃，因此气温在20～30℃间均适宜发病。贵州5～7月正直雨季，平均温度26℃左右，田间雨水过多，湿度过大，温度适宜都是造成该病害在此时期大面积发生流行的原因。

（2）栽培条件　贵州辣椒多以露地种植为主，如遇田间地势低洼、土壤黏重、栽培密度大等增加田间湿度的因素都能造成病害的发生。早播、定植晚、偏施氮肥使植株生长不良等原因也能使病害为害加重。另外，连作、重茬地及留种田发病早且重。

（3）品种抗性　不同的辣椒品种在抗病性方面存在较大差异，一般朝天椒与牛角椒比线椒、皱椒抗病。有报道表明杂交尖椒辛香2号对该病抗性较强，适于贵州地区引种栽培。

4　综合防治技术

4.1　农业防治

（1）合理灌溉　尽量选择地势平整，土质肥沃，排水良好的沙壤土。苗期应在晴天隔行浅灌，以保持田间适宜湿度，生长后期应小水勤灌，雨季应及时开沟排水，防止田间积水，以降低田间湿度。

（2）合理施肥　要施足基肥，适时追肥，合理调配氮、磷、钾肥的施用比例，避免偏施氮肥，以增强植株的抗病能力。施用有机肥时要充分腐熟。

（3）加强田间管理　定植时要选择健康强壮的幼苗进行合理密植，密度过大时应及时疏叶、整枝以提高通风透气性；实施地膜覆盖，减少地面蒸发，降低田间湿度；发病初期摘除病叶、病果，采收后彻底清除病株，集中烧毁，减少菌源。

（4）实行轮作　与非茄科蔬菜实行2年以上轮作，或实行水旱轮作，种植田块宜选择排水良好的沙壤土。忌用病田土育苗，避免菌源随苗土传播。

（5）选用抗病种子　综合考虑当时当地的生产情况，因地制宜，选择合适的耐病品种和无菌种苗进行种植。

（6）种子处理　种子用55℃温水浸种10～15分钟，再放入冷水中冷却，催芽后播种；或用50%多菌灵可湿性粉剂500倍液浸种20分钟后冲净催芽播种；或直播时用种子重量0.3%的50%多菌灵可湿粉拌种后播种。定植后，在辣椒周围地面上撒施草木灰或熟石灰粉，也可降低发病率。

4.2　化学防治

（1）土壤消毒　用50%多菌灵可湿性粉剂与50%福美双可湿性粉剂按1∶1混合，或25%甲霜灵可湿性粉剂与70%代森锰锌可湿性粉剂按9∶1混合，再按每平方米用药8～10克与15千克细土混合撒入定植沟内。如果是保护地栽培，可在种植前棚内无作物生长时用50%石灰氮颗粒剂60～80千克/亩或42%威百亩水剂20～25千克/亩闷棚消毒。

（2）药剂防治　田间一旦发现病株，及时选用10%苯醚甲环唑水分散粒剂900～1 500倍液，或75%百菌清可湿性粉剂400～500倍液，或250克/升吡唑醚菌酯乳油1 800～2 500倍液，或42.4%唑醚·氟酰胺悬浮剂2 500～3 500倍液进行喷雾防治，每7～10天1次，连续2～3次，前密后疏，喷匀喷足。

辣椒疫病严重怎么治，学会这几招轻松解决

辣椒疫病是由辣椒疫霉菌（*Phytophthora capsici*）引起的一种毁灭性土传病害，它广泛地发生在辣椒植株上，无论是在温室、大棚，还是露地种植都有发生。该病蔓延迅速，突发性强，常在短期内暴发，发生严重时可减产四至七成，甚至绝收，给农户带来了很多的烦恼，也让他们承受了严重的损失。

近年来，我国山东、辽宁、北京、河北、新疆等辣椒主产区，普遍发生根腐症状，其症状与传统镰孢菌引起的症状相似，如不能准确诊断，按传统的镰孢菌引起的根腐病进行防治，则效果甚微。辣椒疫病在很多地区成为当地辣椒生产的"癌症"，弄清其初侵染来源、传播途径以及制定有效的防治技术成为当务之急。

1　发病症状

辣椒疫病可为害植株的根、茎、叶和果实，在辣椒的整个生育期均可发病。

1.1　幼苗症状

幼苗发病表现为立枯状，茎基部呈暗绿色水渍状软腐，茎倒伏（彩图1），有的茎基部呈黑褐色，最后枯萎死亡（彩图2）。

1.2　成株期的根部症状

根腐型烂根，须根少且易断，主根、侧根及须根的表皮易剥离，木质部变为淡褐色（彩图3），茎基部腐烂（彩图4），形成水渍状或环绕茎基部的病斑，表皮组织疏松易剥离，木质部变色。温室、大棚及露地的辣椒栽培中，尤以根腐型疫病发生最普遍（彩图5）。

1.3　成株期叶片、果实症状

土壤中的病原菌通过雨水飞溅到叶片上，或发病果实、叶片上的孢子直接

飞落到正常叶片上引起发病。病斑圆形或近圆形，直径2～3厘米，边缘黄绿色，中央暗褐色，湿度大时，可见白色霉层（彩图6）。植株上的病原菌通过维管束系统侵染果实，多从果柄部开始发病，初生暗绿色水渍状斑，迅速变褐（彩图7），全果腐烂，湿度较大时，病部产生白色紧密霉层（彩图8），即病原菌孢囊梗和孢子囊，干燥后形成暗褐色条斑，病部以上枝叶迅速凋萎。果实发病，初期仅表现为果肉腐烂，表皮不破裂也不变形，最后脱落。如遇晴天，果实变成暗绿色干果，挂于枝上，果内有白色菌丝和孢子囊（彩图9）。

彩图1　幼苗倒伏

彩图2　幼苗茎基部呈黑褐色

彩图3　木质部淡褐色

彩图4　茎基部腐烂

彩图5　辣椒疫病田间发病症状

彩图6　叶片发病症状

彩图7　果柄发病症状

彩图8　果实着生白色霉层

彩图9　病果内部发病症状

2　病原菌

辣椒疫病是由卵菌门霜霉科疫霉属的辣椒疫霉菌（*Phytophthora capsici* Leonian）引起的。在燕麦培养基上菌落白色，气生菌丝中等至丰盛，絮状，菌丝无色，无隔，分枝茂密，具菌丝膨大体。孢囊梗由菌丝生出，不规则或伞形分枝，无色，直径1.7～4.0微米，顶端膨大着生孢子囊。孢子囊顶生，卵形、肾形、柠檬

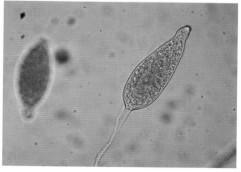

彩图10　病原菌孢子囊

形或椭圆形，具明显乳突，顶部较宽，基部逐渐变细，大小为（35.5 ～ 75.0）微米 ×（26 ～ 50）微米。孢子囊成熟后脱落，并带有长的孢囊梗（彩图10），在水中极易释放出游动孢子。该菌最适生长温度为25 ～ 30℃，最高生长温度为36.5℃。

3　传播途径

3.1　种子带菌传播

带菌种子是辣椒疫病的主要初侵染来源之一，也是辣椒疫病远距离传播的主要途径。土壤中病原菌可通过雨水飞溅到果实上，引起果实发病，进而种子带菌；也可通过茎基部发病，病原菌传播到植株上，再通过维管束传播到果实的种子上，导致种子带菌。

3.2　商品苗调运

带病幼苗远距离调运是无病地区的主要初侵染来源之一。

3.3　雨水和灌溉水传播

土壤中的病原菌以及病株病部产生的孢子囊，都可借雨水飞溅到底部的叶片而传播到其他辣椒植株上。土壤中的病原菌也可随灌溉水在田间进行传播。

3.4　气流传播

发病植株上的孢子囊可随气流在田间进行传播。

3.5　农事操作传播

农事操作人员在发病田块劳作后携带病残体、病土以及发病植株上的孢子囊，传播到本田块或其他田块。农事操作人员在一些辣椒疫病多发的田块进行操作后，没有对农具消毒，再到无病原菌或病原菌少的田块进行农事操作，病原菌便随着农具带到了相对健康的田块。

4　防治技术

辣椒疫霉菌是一种土壤习居菌，能够在土壤中的病残体上长期存活。辣椒根腐型疫病常发展迅猛，发病后再使用药剂防治收效甚微，所以防治重点应放在早期预防上。针对上述传播途径，温室、大棚及露地均可从以下几个方面制定相应的综合防治措施，从而更好地防止辣椒疫病的发生和蔓延。

4.1　抗病品种、砧木选择

选择适合当地栽培的抗、耐病的高产品种；通过使用抗病砧木嫁接能够有效降低辣椒疫病的发病程度，如辣椒砧木ZM-608等品种。

4.2　种子消毒处理

针对种子传播，可采取播前种子消毒。选用高质量种子，暴晒后浸入

55℃温水中，并不断搅拌，当水温下降至25℃时停止搅拌，搓掉种皮上的黏液，浸泡8～12小时。种子吸足水分后，再用69%烯酰·锰锌可湿性粉剂1000倍液浸种5分钟，然后将种子捞出冲洗净后用干净的湿毛巾包裹催芽，也可直接播种。

4.3 幼苗喷淋

针对种苗传播，可在定植前用50%烯酰吗啉可湿性粉剂1500倍液喷淋辣椒植株，杜绝带菌苗定植。

4.4 高畦栽培，膜下滴灌

针对灌溉水传播，选择排水良好的地块，采用高畦栽培，防止辣椒茎基部被淹；针对雨水反溅传播，可采用行间覆膜，膜下滴灌，减少辣椒茎基部叶片与水直接接触。

4.5 农机具消毒

针对农事操作的传播，田间若有病株，一定要等露水干后再进行农事操作。农事操作人员在活动完毕后，应及时对衣服、鞋子及农具等进行清洗消毒，防止将病原菌带入无病田块。

4.6 土壤高温消毒

针对土壤以及土壤中病残体的传播，收获后，及时清理田园，减少初侵染源，如在夏季休棚期进行高温消毒，减少病原菌的数量。温室、大棚在高温季节（6～8月）气温达35℃以上时，每亩施入切碎的麦秸或稻草500千克及有机肥5000千克左右，然后翻地、灌水、覆膜，再盖严棚膜，密闭15～20天。有条件的可采用石灰氮进行土壤消毒。另可采取土壤浸泡消毒，即做畦灌水，浸泡土壤20天以上。或者与玉米、大蒜等作物轮作或间作。

4.7 化学药剂防控

（1）定植后预防　浇缓苗水7天后，可用5亿cfu/毫升侧孢短芽孢杆菌A60 1000～1500倍液，或3%甲霜·噁霉灵水剂600～800倍液，或68.75%氟菌·霜霉威悬浮剂1000倍液喷淋，结合灌根预防。

（2）发病后管理　针对田间病株的传播，发现病株后及时拔除，带出田外集中销毁或深埋，并进行药剂控制。可用生石灰或45%代森铵水剂2000倍液处理病株周围的土壤，同时对病株周围其他植株用72%霜脲·锰锌可湿性粉剂800倍液，或50%烯酰吗啉可湿性粉剂1500倍液，或68.75%氟菌·霜霉威悬浮剂1000倍液，或500克/升氟啶胺悬浮剂2500～3000倍液喷淋植株茎基部和地表，辣椒生长中后期可采用药剂灌根防治。

辣椒细菌性疮痂病发生严重，为什么？如何急救

近年来，随着辣椒栽培面积的扩大和世界范围的种子流通，辣椒细菌性疮痂病（*Xanthomonas campestris* pv. *vesicatoria*）的发生日趋严重，在美国、澳大利亚、巴西、阿根廷、匈牙利、印度、意大利、新西兰、土耳其、以色列、希腊及南部非洲等近60个国家，细菌性疮痂病已成为辣椒上主要的细菌病害，给生产造成严重威胁。辣椒细菌性疮痂病在雨季到来时往往引起季节性大流行，严重影响辣椒的产量和品质，威胁着辣椒产业的健康发展，如美国的佛罗里达州，平均每年因此病所造成的经济损失占辣椒产业10%以上。

我国对辣椒细菌性疮痂病研究较晚，20世纪80年代开始有所报道。随后，在内蒙古、甘肃、贵州、黑龙江、吉林、辽宁、山西、安徽、山东、河北、浙江、湖南、新疆和云南等地都有不同程度的发生。由于具有传播速度快、传播途径多、防治困难等特点，辣椒细菌性疮痂病在我国迅速发生并蔓延。因此，掌握辣椒细菌性疮痂病的发生规律和防治技术对于控制该病的大规模发生，具有十分重要的意义。

1 辣椒细菌性疮痂病的症状

辣椒细菌性疮痂病发生在幼苗、叶片、叶柄、茎、果实和果柄等部位，尤其在叶片上发生普遍。幼苗发病，子叶上生银白色小斑点，呈水渍状，后变为暗色凹陷病斑。幼苗受侵染常引起落叶，植株死亡。 成株期叶片发病，初期呈水渍状黄绿色的小斑点（彩图1），后扩大变成圆形或不规则形、边缘暗褐色且稍隆起、中部颜色较淡稍凹陷、表皮粗糙的疮痂状病斑（彩图2）。有的在叶片上表现出褐色不规则形病斑，病斑边缘隆起，连在一起成大病斑，其周围大片呈黄褐色（彩图3）；有的叶片上的病斑多且小，近圆形，边缘黑褐色，中间黄褐色（彩图4）；有的沿着叶缘发病，在叶片边缘呈黄褐色和暗褐色的连片病斑（彩图5）。受害重的叶片，叶缘、叶尖常变黄干枯，严重时破裂穿孔，甚至整片叶变黄干枯，最后脱落（彩图6、彩图7）。若病斑沿叶脉发生时，常使叶片畸形（彩图8）；当病原菌侵染生长点时，使新生叶变褐萎蔫，干枯死亡（彩图9）。茎秆发病初生水渍状不规则的条斑，后木栓化隆起，纵裂呈溃疡状疮痂斑（彩图10、彩图11）。叶柄和果柄上的病斑，大体与茎上病斑相似（彩图12）。果实上初生黑色或褐色隆起的小点，或为一种具有狭窄水

溃状边缘的疱疹，逐渐扩大，成为隆起的圆形或长圆形的黑色疮痂斑。病斑边缘有裂口，开始时有水渍状晕环，潮湿时疮痂中间有菌液溢出，干后成一层发亮的薄膜（彩图13）。

彩图1　叶片正面初期发病症状

正面

彩图3　叶片正面大病斑症状

背面

彩图2　叶片中后期发病症状

彩图4　叶片背面小病斑症状

彩图5　病斑沿叶缘发病症状

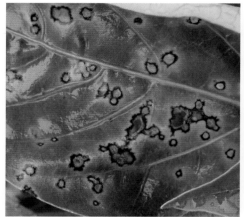

彩图6　叶片正面病斑穿孔

彩图7　发病后期叶片变黄干枯

彩图8　病斑沿叶脉发生症状

彩图9　病原菌侵染生长点症状

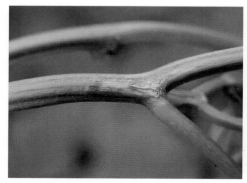

彩图10　茎秆发病初期症状

彩图11　茎秆发病后期症状

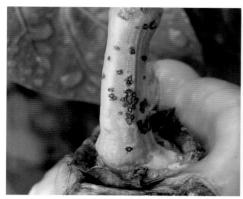

彩图12　果柄发病症状

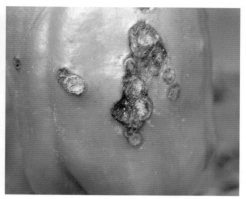

彩图13　果实发病症状

2　辣椒细菌性疮痂病的病原菌

辣椒细菌性疮痂病，又名辣椒细菌性斑点病或辣椒疱病，是辣椒上重要的细菌病害。其病原菌于1920年经Doidge鉴定，1939年由Dowson正式定名为 *Xanthomonas vesicatoria*（Doidge）Dowson。同时Dowson报道，辣椒、番茄、曼陀罗、天仙子、枸杞、黄花烟草和一种酸浆都是该病原菌的寄主。后有报道龙葵和马铃薯等也是其寄主。1978年，Dye将该菌更名为野油菜黄单胞辣椒斑点致病变种 [*Xanthomonas campestris* pv. *vesicatoria*（Doidge）Dye]。

病原菌在NA培养基上培养3天后，呈淡黄色圆形菌落，黏稠状，边缘整齐，表面隆起，有光泽，菌落直径2～3毫米（彩图14），最适生长温度25～30℃，最高生长温度38℃。病原菌为直杆菌，革兰氏染色为阴性，菌株具一根单极生鞭毛，大小为（0.3～0.5）微米×（0.8～1.2）微米（彩图15）。

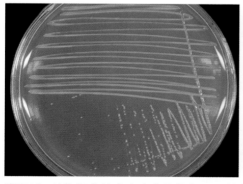

彩图14　辣椒细菌性疮痂病病原菌在NA上的
　　　　　培养状

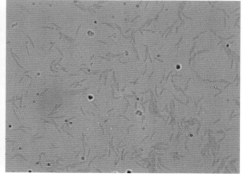

彩图15　辣椒细菌性疮痂病病原菌的显微形态

3 辣椒细菌性疮痂病的发生规律

3.1 初侵染源

辣椒细菌性疮痂病是种传病害，种子带菌率很高。病原菌主要在种子表面越冬，成为翌年病害发生的初侵染源，同时也可以借带菌种子作远距离传播。

如果田间发病，病原菌可以随病株残体在田间越冬。疮痂病病原菌在辣椒植株病残体上的存活力强，将感病植株放置到田间，6个月后仍能检测到该病原菌。

病原菌也可以在杂草、土壤和灌溉水中越冬。当病原菌积累足够的量并且温度、湿度等条件适宜时，便开始侵染，并逐渐扩展。

3.2 传播途径

病原菌及植株病部溢出的菌脓不能破坏完整的植物组织，但是可以从寄主植物的自然孔口如气孔、排水孔、皮孔和蜜腺侵入，也可以从伤口处侵入，在细胞间隙进行繁殖发育，使表皮细胞层增高，所以病斑边缘常稍隆起。又由于寄主细胞被分解，造成空穴而凹陷，空穴中充满了细菌，溢出以后成为菌脓。将发病组织的病健交界处纵向切开，显微镜下可以观察到大量细菌菌体从切口处快速溢出，简称细菌的菌溢现象（彩图16）。病原细菌随着风、雨水飞溅、农事操作及昆虫活动等在田间进行传播。

彩图16　镜检细菌菌溢现象

（1）雨水、露水及灌溉水传播　暴风雨过后，植株伤口增加，细菌菌体随着雨水飞溅传播到其他叶片。病原菌也可以随着雨水和灌溉水的流动在田间传播。另外，在大雾结露的情况下，空气湿度足够大，也为病原菌的传播提供了良好的外部环境。

（2）农事操作传播　种植过密，生长过旺，未及时整枝就进行农事操作，造成植株间叶片的频繁接触摩擦而产生伤口，增加了病原菌的侵染机会。农事操作人员在发病田块活动携带病菌后，传播到本田块或其他田块。在一些辣椒疮痂病多发的田块农事操作后，未对农具消毒，就进入无病原菌或病原菌少的田块，病原菌便随着农具被带到了相对健康的田块。病原菌可以随病株残体在土壤中长时间存活，虽然有的农户将感病植株清除，但是将其堆积在田地周围，病原菌仍可以随着雨水冲刷传播并残存在土壤中。

（3）昆虫传播　病原菌可黏附在昆虫体上，昆虫进行取食等活动时进行传播。

3.3　田间发生规律

该病多发生于高温多雨的季节，雨季的到来，大风、大雨及大雾结露都容易造成田间病害大流行。只要田间最初有10%的植株发病，其菌量就足够使整块田发病。

4　辣椒细菌性疮痂病的防治技术

4.1　抗病品种选育

1960年，Sewell第一次发现了抗细菌性疮痂病的辣椒品种。随后，有关抗性的研究进展很快，并筛选出多个抗病的辣椒品种。目前，国外除了常规育种手段外，正利用分子生物学方法，特别是抗性基因工程进行品种的选育，以期得到抗病、高产、优质的辣椒品种。

4.2　农业防治

（1）选用无病种子进行种植。实行轮作，与非茄科蔬菜轮作2～3年，结合深耕，促使病残体腐烂分解，加速细菌死亡。

（2）使用石灰氮对土壤进行消毒，覆盖地膜，同时高温闷棚，杀死土壤中的病原菌。加强发病植株病残体的田间管理，将病株和杂草及时清除到田块外烧毁，而非堆积在田块边，避免雨水和灌溉水冲刷后的再次污染。采取高畦栽培、膜下灌水等方法，避免辣椒底部叶片与水直接接触，减少雨水和灌溉水飞溅的传播。雨季注意排水，防止积水，降低空气湿度，大雨过后和大雾结露时避免进行农事操作，防止细菌在高温高湿的环境中快速繁殖和传播。

（3）种植密度要合适，及时整枝，避免种植过密及生长过旺使枝条和叶片频繁摩擦产生伤口，防止细菌通过伤口传播。

（4）农田露水干后再进行农事操作，操作完毕要对操作人员的衣服、鞋子和农具等进行清洗消毒，防止将病原菌带入无病田块。

4.3　种子检测及消毒技术

辣椒细菌性疮痂病是种传病害，种子带菌率很高，一旦病原菌侵入未曾发病的地区，病原菌就会源源不断地侵染。需要对种子进行带菌检测来确定种子的健康状况，在一些疑似发病田，检测土壤中携带的细菌量也是必要的。4 000粒种子中有1粒种子带菌，PCR技术就能检测出来。因此可以应用PCR技术来定性和定量地检测种子上和土壤中的细菌。

同时还要做好种子消毒工作，用3%中生菌素可湿性粉剂1 000倍液浸种

30分钟，取出冷水冲洗后催芽播种，可以有效地消除种子表面携带的病原菌。

4.4 药剂防治

辣椒细菌性疮痂病传播很快，前期预防工作尤为重要，在发病前和发病初期施药，能有效地预防和控制病害的发生和传播。

（1）生物药剂防治　使用生物农药，如用50亿cfu/克多粘类芽孢杆菌可湿性粉剂1 000 ～ 1 500倍液，或10亿cfu/克解淀粉芽孢杆菌可湿性粉剂1 000 ～ 1 500倍液定期喷雾预防。可以在发病前定期预防用药，间隔期10 ～ 15天，连续使用。

（2）化学药剂防治　发病初期可以使用3％中生菌素可湿性粉剂600 ～ 800倍液，或30％噻唑锌悬浮剂800 ～ 1 200倍液，或2％春雷霉素水剂400 ～ 600倍液进行喷雾防治，施药间隔期7 ～ 10天，连续喷2 ～ 3次，可以有效控制辣椒细菌性疮痂病的扩展。

茄 子 病 害

茄子绒菌斑病病原究竟是啥？看专家权威鉴定

早在1932年我国广东就有发生茄子绒菌斑病（叶霉病）的报道，此后在山西、河南等地相继有该病的发生。由于茄子绒菌斑病和番茄叶霉病无论在病症和病原菌形态上都有很大的相似性，因此，我国文献曾报道茄子绒菌斑病病菌为黄褐孢霉 [*Fulvia fulva* (Cook) Cif.]，与番茄叶霉病病菌相同。

1859年，Nattrass在肯尼亚的黄水茄（*Solanum incanum*）上首次发现茄子绒菌斑病（*Mycovellosiella nattrassii*）。1972年日本高知县发现了由菌绒孢属（*Mycovellosiella*）侵染茄子引起的新病害，经Deighton鉴定为绒菌斑病（当时种名未定），此后在日本多处发生该病。齐藤正对病症、病原菌形态、发育温湿度等都作了描述，并指出该病菌只侵染茄子而不侵染其他茄科植物。2003年，Braun和Crous将*M. nattrassii*正式定名为灰毛茄钉孢 [*Passalora nattrassii* (Deighton) U. Braun & Crous]。

通过比较国内外文献所报道的茄子绒菌斑病，并对辽宁、北京、山东进行病样调查及病原菌形态学观察，认定所有报道的茄子绒菌斑病均为同一病原菌侵染引起，即灰毛茄钉孢（*P. nattrassii*），异名灰毛茄菌绒孢（*M. nattrassii*）。

1 茄子绒菌斑病发病症状

茄子绒菌斑病主要为害叶片。发病初期在叶片正面产生褪绿斑点（彩图1），后逐渐扩大至黄褐色、近圆形不规则病斑，具明显黄晕（彩图2），病斑大小不等，直径3～10毫米。湿度大时叶背面产生白色霉层，以后霉层逐渐扩大，颜色先为褐色，后变为棕黑色（彩图3）。随病情发展，后期病斑连片（彩图4），叶片干枯、脱落。

彩图1　叶片发病初期产生褪绿斑点

彩图2　叶片发病后期病斑黄褐色，具黄晕

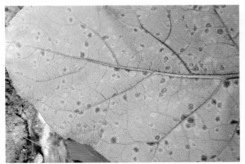

彩图3　叶背产生大量褐色霉层

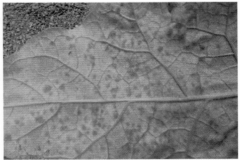

彩图4　后期病斑连片，叶片枯死

2 茄子绒菌斑病病原菌特征

茄子绒菌斑病病菌的次生菌丝体形成菌丝束并攀缘叶毛（彩图5），分生孢子梗聚结成束。分生孢子圆柱形或倒棍棒形，浅青黄色，直立，顶部稍尖细至钝，基部倒圆锥形，多具 3 ～ 4 个隔膜，最多可达7个隔膜，有时隔膜处缢缩，端部有1 ～ 2个脐点（彩图6）。

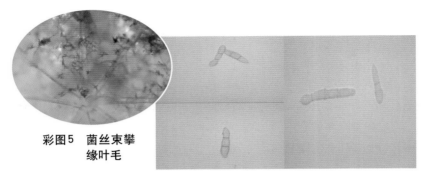

彩图5　菌丝束攀缘叶毛

彩图6　分生孢子浅青黄色

3　茄子绒菌斑病发生规律

3.1　病菌来源广泛，传播方式多样

病原菌除以菌丝、孢子在病叶上越冬存活以外，孢子还能附着在温室的架材、塑料薄膜上越冬存活，成为次年的侵染源。分生孢子萌发后产生芽管，从寄主叶背面气孔侵入，25℃潜伏10 ～ 15天即可发病。田间发病后病斑上形成的分生孢子借气流、灌溉水或农事操作进行传播再侵染。

3.2　温湿度适宜，病原菌容易暴发流行

灰毛茄钉孢菌（*P. nattrassii*）在20 ～ 27.5℃生长良好，最适生长温度为25℃左右，35℃以上病菌发育受到抑制。当相对湿度高于80%时容易发病，低于80%时病菌发育迟缓或停止扩展。

3.3　栽培管理不当

茄子绒菌斑病多发生在春茬保护地种植的中后期，由于气温升高，浇水过多，棚内湿度过大，管理粗放导致发病严重。该病可持续至7月上旬酷暑来临前。连续阴雨天气，保护地内光线过弱，有利于绒菌斑病的扩展和为害。

4　茄子绒菌斑病综合防控措施

4.1　合理轮作，避免重茬

茄子绒菌斑病病菌只寄生于茄子，连茬田块发病率较高。因此，应进行2 ～ 3年以上的与其他作物的轮作。

4.2　种子消毒，消灭病原

要做好种子消毒处理，播种前应先在阳光下晒2 ～ 3天，然后在55℃水温

下浸泡处理30分钟，其间并不断搅拌，晾干备用；或用1%高锰酸钾800倍液浸种30分钟，捞出冲净后先催芽再播种。

4.3 硫黄熏棚，切断传播

在茄子定植前，可用硫黄粉熏蒸大棚和温室，每立方米用2.4克硫黄粉加4.5克锯末，混匀后点燃熏棚一夜，待气体散尽后定植。

4.4 加强栽培管理，提高植株抗病能力

对保护地栽培的茄子，应加强温、湿度管理，适时通风，适当控制浇水并及时排湿，调节棚室温度，创造一个不利于病害发生的环境。同时及时整枝，增加透光性，合理施肥，提高植株抗病能力。

4.5 及时用药，科学有效

防治茄子绒菌斑病时，要把握好关键时期。首先，要在阴雨天气来临前用药预防；其次，要在茄子旺盛结果期前，预防用药，能够显著降低该病的发生概率。在用药方面，可用10%氟硅唑水乳剂1 500 ～ 2 000倍液，或12%苯甲·氟酰胺悬浮剂1 000 ～ 1 800倍液，或43%氟菌·肟菌酯悬浮剂2 500 ～ 3 500倍液，或42.4%唑醚·氟酰胺悬浮剂2 500 ～ 3 000倍液，每7 ～ 10天施药1次，连续施药2 ～ 3次。施药时要喷施均匀，注意交替用药，才能达到良好的防治效果。但是当棚内湿度较大时，喷雾防治效果往往不佳，可以选用精量电动弥粉机配合超细75%百菌清可湿性粉剂进行喷粉防治，在取得较好的防治效果的同时还不增加田间湿度。

茄子灰霉病咋防治最有效？不少农民都不知道

由灰葡萄孢菌引起的灰霉病在多种蔬菜上均有发生。自20世纪80年代，随着茄子保护地栽培面积扩大，由灰葡萄孢菌引起的茄子灰霉病日趋严重。该病发生早、传播快、为害重，成为茄子生产中的重要病害之一。茄子灰霉病菌喜低温高湿的环境，特别是在 冬季有些保护地中湿度大、温度低、重茬连作、栽培密度大，为该病菌的流行传播提供了有利条件。由于目前缺少抗病品种，茄子灰霉病的防控主要依靠化学防治，而一些化学农药随着使用次数、浓度不断增加，导致病原菌的抗性增强，防治效果也随之降低，同时大规模的化学农药残留导致严重的化学污染，不符合蔬菜安全生产的要求。现将茄子灰霉病的症状诊断及综合防治技术介绍如下。

1 症状识别

1.1 花

茄子灰霉病菌对花器的侵染多发生在柱头、花瓣边缘，侵入形成黄色或褐色病斑，到了后期向花托蔓延（彩图1），严重时整个花朵萎蔫、腐烂，长出霉层（彩图2）。

彩图1　花器受到侵染　　　　　　彩图2　花器侵染后期

1.2 叶

叶片感病，在叶缘处及叶片中部形成近圆形或不规则圆形轮纹斑，初中期为浅黄色或褐色水渍状，这是由于分生孢子和带有病原菌的花粉、花瓣散落到叶面形成侵染点所致（彩图3）。发病后期，有的病斑从中部破裂（彩图4），并沿着叶脉向四周蔓延（彩图5），在湿度大的条件下病斑处会长出灰色霉状物，严重时病斑扩散到叶柄处，使叶柄折断。有的植株在发生生理性病害、肥害后，在衰老组织处会形成新的侵染点（彩图6）。

  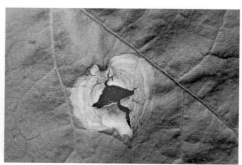

彩图3　叶正面轮纹斑　　　　　　彩图4　病斑从中部破裂

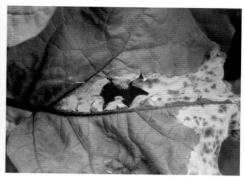

彩图5　病斑沿叶脉向四周蔓延　　　　彩图6　叶面受肥害后病菌侵入

1.3　茎

茎秆染病也可产生褐色水渍状病斑，扩展后呈长椭圆形，淡褐色，湿度大的条件下表面会着生灰白色霉层（彩图7）。有时病原菌会直接侵染茎基部，严重时病斑常常环绕茎部一周，使茎部腐烂、变细、坏死，植株营养物质运输受阻，最后导致整个植株萎蔫、坏死，这种症状往往发生在重茬老棚中。

彩图7　病斑环绕茎基部一周

1.4　果

茄子灰霉病主要为害幼果，大多数是由于病原菌侵染花器间接引起的，研究表明带有病原菌残花的幼果发病率大大高于不带病原菌残花的幼果。病原菌侵染果实主要有3种方式：

（1）通过带有病原菌的残留坏死花瓣向果面与萼片夹缝内发展，或者直接侵染萼片，引起萼片及果蒂发病（彩图8）。在幼果果蒂周围局部先产生水渍状黄褐色病斑，逐渐扩大后呈暗褐色，表面产生灰色霉层，进一步发展到果肩和其他部位。

（2）通过幼果柱头进行传染，呈水渍状褐色病斑，逐渐扩大后呈黄褐色，表面产生灰色霉层（彩图9），在适宜的条件下向果脐扩散。

（3）果面受病果沾碰而染病。果实染病后一般不脱落，严重时产生黑色颗粒状菌核，以后逐步失水、变色、腐烂，失去商品价值。

彩图8　萼片及果蒂染病

彩图9　柱头染病后果实腐烂

2　病原菌

　　茄子灰霉病病原菌为灰葡萄孢菌（*Botrytis cinerea* Pers.）。病菌分生孢子梗丛生，直立，分枝或不分枝，具隔膜，浅棕色，大小为（280～550）微米×（12～24）微米（彩图10）。分生孢子簇生于梗顶端的小梗上，椭圆形或近圆形，无色或灰褐色，单胞，（9～16）微米×（6～10）微米。病菌在条件恶化后可产生菌核，菌核为黑色、不规则、扁平状。

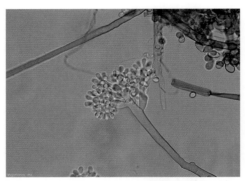

彩图10　灰葡萄孢分生孢子梗及分生孢子

　　病原菌的分生孢子在5～30℃均可萌发，最适温度为15～25℃，喜欢偏酸环境，低温有利于病菌产孢，且在15℃时产孢较大。分生孢子在湿度为90%的条件下易萌发，在水滴中萌发最好。

　　病菌的寄主范围广泛，茄子、番茄、辣椒及花卉等多种园艺植物的叶、花、果实、茎都会受到其侵害。该病从苗期到储藏期均能发生，尤其是保护地栽培中由于潮湿、管理不善，茄子灰霉病发生严重。

3　发病规律

　　茄子灰霉病菌以分生孢子、菌丝体在病残体上或以菌核在土壤中越冬。在露地和温室主要靠分生孢子飞散进行传播。春季条件适宜时，菌核产生菌丝体，菌丝体产生分生孢子梗和分生孢子，分生孢子主要靠气流、雨水、农事操作进行传播蔓延。从病部产生的分生孢子可再靠气流或农事操作而传播，进行侵染循环。

病菌喜低温、高湿的环境，最适感病生育期为始花至坐果期，发病潜育期5～7天。灰霉病是高湿型病害，相对湿度80%以上时开始发病，达90%以上时有利于该病的发生，相对湿度60%～70%时不利于病害的发生。

露地阴雨连天，光照不足，气温偏低，灰霉病易严重发生。保护地通风不良，连作多年，种植密度过大，管理差，有机肥偏少，氮肥偏多，氮、磷、钾比例失调等都有利于灰霉病的发生。

4 综合防治措施

4.1 加强栽培管理

高畦地膜覆盖栽培，采用滴灌或膜下浇水控制棚内湿度；浇水应选择晴天上午进行，浇水后闭棚升温，在中午和下午再将水汽放掉，降低田间湿度，控制灰霉病的发生与侵染。

4.2 及时摘除残花和病残体

在发病初期摘除含有病斑的花瓣、柱头、病果、病叶，防止病原菌进一步扩散到其他部位。在蘸花后10～15天，摘除幼果残留的花瓣和柱头，部分染病的幼果应及时去除，降低病菌的初侵染点，从而达到防治茄子灰霉病的发生。

4.3 调控棚室环境

灰霉病属低温高湿病害，可以通过管理措施降低温室内叶片和果实的着露量和着露时间，预防灰霉病的发生。一般采用"上午控温、下午控湿"的方法，在晴天上午棚温升到30℃时放风，中午和下午继续放风，降低湿度。当棚温降低到20℃时关闭大棚，使夜间温度保持在15℃左右。

4.4 化学防治

（1）点花时用药 在配好的防落素稀释液中，加入0.1%浓度的50%腐霉利可湿性粉剂或50%异菌脲可湿性粉剂，然后再蘸（喷）花。

（2）发病前预防用药 田间发病前，可以使用生物农药进行预防用药。可用2亿孢子/克木霉菌水分散粒剂500～600倍液，或5%香芹酚水剂600～800倍液，或100亿孢子/克枯草芽孢杆菌可湿性粉剂600～800倍液进行喷雾预防，施药间隔期7～10天。

（3）发病初期用药 在发病初期，可用25%啶菌噁唑乳油1 500倍液，或42.4%唑醚·氟酰胺悬浮剂2 500倍液，或50%啶酰菌胺水分散粒剂1 500倍液喷雾防治。茎秆发病时，可将药剂原液用面粉调成糊状涂抹在茎秆病斑上，能有效治疗该病的发生。如果棚内湿度较大，可采用烟熏法防治，烟剂可选用40%百菌清烟剂或10%腐霉利烟剂200克/亩，均匀分散在各处点燃，于傍晚闭棚前熏施。连阴天时可以使用超细50%腐霉利可湿性粉剂100克/亩，或超细50%异菌脲可湿性粉剂100克/亩配合精量电动弥粉机进行喷粉防治。

茄子灰霉病，一般以花期和坐果期为重点防治时期。采用喷雾施药，要注意及时通风排湿。灰霉病菌易产生抗药性，要注意交替轮换用药或药剂混合使用，有利于提高防效，延缓病原菌产生抗药性。

紫花之谜——我国首次揭示茄子"紫花"新型病毒面纱

茄子斑驳紫花病是我国首次报道的新型病毒病，主要由烟草轻型绿花叶病毒（*Tobacco mild green mosaic virus*，TMGMV）和番茄斑驳花叶病毒（*Tomato mottle mosaic virus*，ToMMV）单独或复合 侵染茄子所致，TMGMV 和 ToMMV 均属于帚状病毒科（Virgaviridae）烟草花叶病毒属（*Tobamovirus*）。近年来，在山东、河南、辽宁及河北等地温室大棚的茄子中陆续发现，其症状表现与以往常见茄子病害症状有所不同，严重影响了茄子的品质与产量。

1 发病症状

茄子斑驳紫花病田间症状主要表现在花瓣上。发病初期，茄子花瓣上显现深紫色斑驳（彩图1），随着病情发展花瓣畸形，叶缘向内卷缩（彩图2）；叶

彩图1　茄子花瓣呈深紫色斑驳

彩图2　花瓣畸形

片症状不明显，偶而伴有轻微褪绿斑驳现象（彩图3、彩图4）；果实表面也无明显症状，为害严重时果实变小，易脱落。

彩图3　叶片局部褪绿　　　　　　　彩图4　叶片斑驳症状

2　病毒检测

对茄子样本进行RNA提取，经siRNA高通量测序分析，初步表明，茄子斑驳紫花病样本感染的病毒种类主要为ToMMV和TMGMV。为了对该结果进行验证，采用特异性引物524-F/524-R和ToMMV-4F/ToMMV-4R对2种病毒的外壳蛋白全长基因进行扩增。结果显示：23份茄子样本中有20份得到约289 bp的ToMMV特异性条带，23份得到约500 bp的TMGMV特异性条带（彩图5）。

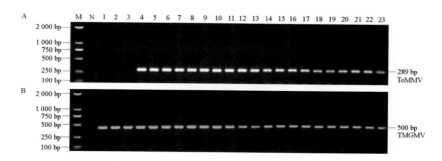

彩图5　不同地区茄子样本RT-PCR扩增结果

（M：Marker；N：健康对照样本；1～3：河北茄子样本；4～13：山东茄子样本；
14～18：河南茄子样本；19～23：辽宁茄子样本）

3 初侵染源

3.1 种子带毒

种子带毒是茄子斑驳紫花病毒病的重要初侵染源。种子携带病毒的主要途径有两种：①胚外，即病毒可能沾附在种子的外表；②种胚，病毒侵入种子组织内部形成毒源。

3.2 嫁接砧木带毒

TMGMV和TOMMV将直接引起病毒病大规模发生。若将健康接穗嫁接到感染病毒病的砧木上，其带毒率显著高于不嫁接砧木的茄子。因此，培育不带有茄子斑驳紫花病毒的健康砧木将从根本上控制初侵染源，减轻病害的流行。

3.3 其他寄主植物

茄子斑驳紫花病毒寄主范围广泛，例如茄科作物及凤仙花、蓝眼菊和矮牵牛等。因此，周围的寄主植物均有可能成为来年病毒病发生的重要毒源。

4 传播方式

4.1 昆虫传毒

昆虫传毒是茄子斑驳紫花病毒传播的重要途径，如蚜虫等。此外，害虫可携带多种病毒对植株进行复合侵染。

4.2 农事操作传播

机械摩擦是茄子斑驳紫花病毒的重要传播方式，例如整枝打杈，甚至叶片间的自然摩擦可能导致病毒病的传播。

5 综合防控措施

目前对茄子斑驳紫花病毒仍没有较好的单一有效防治措施。因此在防治上应坚持"重在预防"，早发现早清除，切断毒源，减少传播。

5.1 种子消毒

播种前用清水对茄子种子和砧木种子进行浸种3～4小时，再用10%磷酸三钠溶液或0.1%高锰酸钾溶液浸种消毒20分钟，然后用清水冲洗，催芽播种。有条件的可以在试验的基础上进行种子干热消毒灭菌处理。

5.2 加强栽培管理

在花期一旦发现有个别感病植株，应及时拔除，并对病株周围土壤的病残体进行清除，随后用肥皂水洗手，避免交叉接触其他植株导致病毒扩散。对于曾发病严重地块，应进行非寄主蔬菜轮作。

5.3　切断传播媒介

茄子斑驳紫花病毒可以通过昆虫传播，生产上可采用物理方法和药剂相结合进行防控。如在植株生长期间悬挂粘虫板，既可监测，也可除虫。此外，在植株定植前可使用5%吡虫啉颗粒剂300 ～ 500克/亩，当虫害发生后可喷施50克/升双丙环虫酯可分散液剂800 ～ 1 000倍液，或17%氟吡呋喃酮可溶液剂2 000 ～ 2 500倍液，或50%呋虫胺可湿性粉剂3 000 ～ 4 000倍液进行喷雾防治，可有效控制传播途径，抑制病毒病的发生与传播。

5.4　药剂防治

田间定植后可以采用2%香菇多糖水剂1 500 ～ 2 000倍液灌根进行预防，生长期定期使用5%氨基寡糖素水剂750 ～ 1 000倍液喷雾预防。发病初期，可施用8%宁南霉素水剂800倍液，或20%吗胍·乙酸铜可湿性粉剂600倍液，或30%毒氟·吗啉胍可湿性粉剂750 ～ 1 000倍液进行喷雾防治，每隔7天喷1次，喷2 ～ 3次。均匀喷雾，轮换用药。

瓜类蔬菜病害

GUALEI SHUCAI BINGHAI

全国主产区无一幸免，黄瓜棒孢叶斑病太猖狂

黄瓜棒孢叶斑病又称褐斑病、靶斑病，是一种世界性病害，在温带地区为害尤其严重。20世纪90年代在我国辽宁省瓦房店市的保护地内，该病大面积连年严重为害，由于对致病病原菌缺乏研究，造成了黄瓜生产严重的损失。近年来该病已遍及全国各地，温室、露地都有发生，且有不断加重的趋势，成为栽培黄瓜的主要病害之一。此外，该病发病初期病斑表现为多角形，易与黄瓜角斑病和霜霉病混淆；发病后期又与炭疽病有许多相似之处，给农业技术人员及菜农正确识别和防治该病害带来了困难。

1 我国黄瓜主产区棒孢叶斑病为害情况

2005年以来，通过对我国黄瓜棒孢叶斑病的为害进行田间调查，发现该病害在山东、河北、北京、天津、辽宁、河南、海南等地严重发生。一般病田叶发病率为10%～25%，严重时可达60%～70%，甚至100%。2008年10月9～11日笔者深入青县曹寺乡、盘古乡、清州镇、门店镇等17个蔬菜专业村进行实地考察，发现黄瓜棒孢叶斑病发生严重，在调查的近40个大棚中，几乎处处可见黄瓜棒孢叶斑病。据初步估计，当年秋季黄瓜棒孢叶斑病发生面积超过0.33万公顷，全县损失2 000万元以上，个别严重发生的乡镇损失甚至超过60%。很多病害发生严重的大棚，在棚外也可看到大量黄叶，植株下半部黄化枯死。据当地农业部门介绍，2008年春季已大面积发生黄瓜棒孢叶斑病，但轻于秋季。2014年以来，笔者在广东茂名、山东寿光和兰陵等地的黄瓜产区调查时发现，黄瓜茎部有被多主棒孢侵染的现象，且为害日益加重，部分田块发病率达50%以上（彩图1）。

彩图1 山东寿光黄瓜棒孢叶斑病大暴发

2　黄瓜棒孢叶斑病田间症状

病菌为害叶片为主，严重时蔓延至叶柄、茎蔓，并可造成果实流胶。叶片症状多样，可分为小型斑、大型斑、角状斑3种。①小型斑：低温低湿时多表现在发病初期的黄瓜新叶上，病斑直径0.1～0.5厘米，呈黄褐色小点，俗称"小黄点"。病斑扩展后，叶片正面病斑略凹陷，病斑近圆形或稍不规则，病健交界处明显，黄褐色，中部颜色稍浅，淡黄色，叶片背面病部稍隆起，黄白色（彩图2、彩图3）。②大型斑：高温高湿、植株长势旺盛时多产生大型斑，多为圆形或不规则形，直径2～5厘米，灰白色，叶片正面病斑粗糙不平，隐约有轮纹，湿度大时，叶片正、背面均可产生大量灰白色毛絮状物，为病原菌菌丝体，但该情况下病部不易产生分生孢子和分生孢子梗（彩图4）。③角状斑：多与小型斑、大型斑及霜霉病症混合发生（彩图5）。病斑黄白色，多角形，病健交界处明显，直径0.5～1.0厘米，该症状易与黄瓜霜霉病混淆，被菜农称为"假霜霉""小霜霉"等。以上3种症状均可不断蔓延发展，后期病斑在叶面大量散生或连成片，造成叶片穿孔、枯死、脱落。

病菌侵染茎部主要发生在黄瓜生长中后期，中下部先发病，近地面的茎部发病最为严重。发病初期茎部出现灰白色不规则长斑，后期病斑环绕布满茎秆；茎基部发病后期，病斑呈灰白色或黄褐色，表皮开裂凹陷，干枯坏死（彩图6、彩图7）。高温高湿条件下，病菌可侵染黄瓜果实，造成果实开裂、流胶，黏状物黄色，显微镜下可见大量分生孢子和分生孢子梗（彩图8）。

诊断要点：黄瓜棒孢叶斑病与霜霉病的主要区别是该症状病斑颜色明亮，黄白色，边缘明显，叶片背面无霉层，阳光下病斑透明；而霜霉病病斑叶片正面褪绿、发黄，病健交界处不清晰，病斑多交集成片，湿度大时叶片背面有黑褐色霉层。此病大型病斑与炭疽病的症状极为相似，区别为炭疽病病斑上会产生鲑肉色孢子堆。

彩图2　小型斑叶片正面症状

彩图3　小型斑叶片背面症状

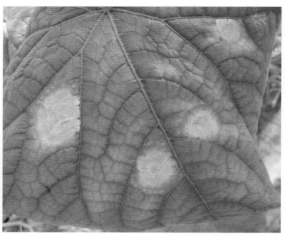

彩图4　大型斑发病症状

彩图5　角状斑发病症状

彩图6　茎部灰白色不规则长斑，湿度大时
　　　　密布黑褐色霉层

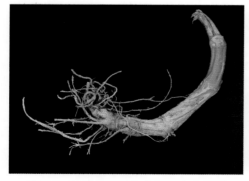

彩图7　茎基部病斑灰白色，表皮开裂

彩图8　黄瓜果实流胶

3 黄瓜棒孢叶斑病病原菌特征

黄瓜棒孢叶斑病的病原菌为多主棒孢霉 [*Corynespora cassiicola* (Berk. & Curtis) Wei]，无性型属于丝孢纲丝孢目棒孢属。菌丝体分枝，无色到淡褐色，具隔膜。分生孢子梗多由菌丝衍生而来，单生，较直立，细长，初淡色，成熟后褐色，光滑，不分枝，具分隔，大小为（100～650）微米×（3～8）微米；分生孢子顶生于梗端，倒棒形、圆筒形、线形或 Y 形，单生或串生，直立或稍弯曲，基部膨大、较平，顶部钝圆，浅橄榄色到深褐色，假隔膜分隔，大小为（50～350）微米×（9～17）微米（彩图9）。

病原菌在PDA培养基上可良好产孢，菌落致密，表生绒毛，白色、灰色或青绿色，有时产生暗红色素，菌落生长均匀，30℃下PDA培养7天菌落直径达73毫米（彩图10）。

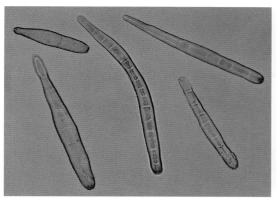 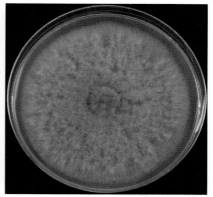

彩图9　多主棒孢分生孢子倒棍棒形　　彩图10　多主棒孢在PDA上的培养状

4 黄瓜棒孢叶斑病发生规律

病菌主要以菌丝体、厚垣孢子或分生孢子随病残体、杂草在土壤中或其他寄主植物上越冬。该病寄主范围非常广泛，可侵染葫芦科、茄科、十字花科、豆科蔬菜，还能为害橡胶、芝麻、木薯、烟草、葡萄、桉树以及一些观赏植物。

据报道，黄瓜棒孢叶斑病菌在残株中可存活2年，也可通过在种表附着或种皮内潜伏休眠菌丝的形式存活6个月以上，翌年产生分生孢子成为田间初侵染菌源。田间发病后，在适宜条件下病部产生大量分生孢子，分生孢子借风、雨和农事操作传播。

分生孢子萌发产生芽管，从气孔、伤口或直接穿透表皮侵入，潜育期5～7天。病菌在10～35℃下均能生长，以30℃左右最适。分生孢子萌发温度范围为10～35℃，以25～30℃最适；同时要求90%以上的相对湿度，在水滴中萌发率最高。因此，多主棒孢菌具有喜温好湿的特点，高温、高湿有利于该病的流行和蔓延，叶面结露、光照不足、昼夜温差大都会加重病害的发生程度。另外，氮肥施用过量造成植株徒长或多年连作，均有利于发病。通风透光条件差时病害发生严重；多雨、凉夏时发病多，秋季延后栽培时应多加注意。

近年来，尽管寄主植物栽培时喷施了多种杀菌剂，但棒孢叶斑病仍未得到有效的控制。病害难以控制的原因，一方面是目前广泛采用的连作栽培模式，促进了病原菌的连年累积；另一方面是多主棒孢菌菌株极易变异，易对多种杀菌剂产生抗性。研究发现，同一化学药剂连续喷施3次以上的黄瓜大棚中，病原菌多主棒孢菌的抗药性出现概率显著增加。因此，在棒孢叶斑病的防治过程中一定要减少杀菌剂的使用频率和剂量，并且注意不同作用机制杀菌剂的轮换使用，这样才可能抑制抗药菌株的出现。此外，该病传播途径复杂多样，特别是生长期气传速度快，使得病害在短时间内大暴发。

5　黄瓜棒孢叶斑病综合防控措施

5.1　选育抗病品种

选育抗病品种是控制黄瓜棒孢叶斑病的有效途径。欧美国家已选育出部分抗病品种，如Royal Sluis Hybrid 72502，该品种高抗黄瓜棒孢叶斑病。目前国内还未选育出该病的抗性品种。

5.2　适时轮作

菌丝体和分生孢子可以在病残株上存活，棒孢叶斑病菌存活周期一般为2年左右，因此应与非寄主作物进行2年以上轮作，减少初侵染源。

5.3　种子消毒

该病菌孢子致死温度为55℃，时间为10分钟。种子在55～60℃温水中浸种10～15分钟，并不断搅拌，水温降至30℃继续浸种3～4小时，捞起沥干后置于25～28℃下催芽。若能结合药液浸种，杀菌效果更好。

5.4　加强栽培管理

塑料棚、温室应加强温、湿度管理，适时通风换气，控水排湿。合理密植，及时清理病老株叶。发病的塑料棚、温室收获后应集中烧毁病株，消除残存病菌。适时追肥，充足而不过量的氮肥可以提高植株抗病性。灌水、施肥均在膜下暗灌沟内进行，能有效降低棚内空气湿度，抑制病害发生。

5.5　药剂防治

该病菌侵染成功率非常高，若超过3%的植株叶片发病后施药，无法取得满意效果，所以早期做好防护措施，及时施药是关键。重点喷洒中、下部叶片，叶片正、背面都要喷彻底，连续喷药3～4次。最新的防治药剂筛选试验已经证明，苯并咪唑类杀菌剂和甲氧基丙烯酸酯类杀菌剂对棒孢叶斑病几乎已失去了防效。所以，该病应以预防为主，及时发现及时施药，交替使用各类杀菌剂。

发病前可以用1 000亿活孢子/克荧光假单胞杆菌可湿性粉剂600～800倍液进行预防用药。发病初期可选用30%苯甲·嘧菌酯悬浮剂1 000～1 500倍液，或35%苯甲·咪鲜胺水乳剂800～1 200倍液，或35%氟菌·戊唑醇悬浮剂2 800～3 500倍液，或43%氟菌·肟菌酯悬浮剂2 800～4 500倍液，或70%唑醚·丙森锌可湿性粉剂1 200～1 500倍液进行喷雾防治；也可用国外登记防治该病害的药剂50%啶酰菌胺水分散粒剂1 500倍液进行喷雾防治。高湿季节可以使用超细75%百菌清可湿性粉剂80克/亩或70%唑醚·丙森锌可湿性粉剂100克/亩配合精量电动弥粉机进行喷粉防治。防治时对叶部和茎部进行均匀施药，每隔7～10天喷1次，连喷2～3次。

黄瓜霜霉病强势来袭！反复发作治不好吗

黄瓜霜霉病的为害日益严重，已知有70多个国家和地区发生。黄瓜霜霉病是由古巴假霜霉菌 [*Pseudoperonospora cubensis*（Berk. et Curt.）Rostov.] 引起的侵染性病害。我国于20世纪80年代后，随着设施蔬菜生产规模的扩大，棚室温、湿度条件利于黄瓜霜霉病的发生流行，致使霜霉病的发生日趋严重。

通过对全国各地采样及寄样诊断发现，黄瓜产区大多有黄瓜霜霉病发生，且为害较重，为黄瓜种植中一种普遍发生的重要病害。黄瓜霜霉病是一种流行性强、来势猛、传播快、发病重且有毁灭性特点的病害。近年来，随着种植环境多样及抗性品种种植，黄瓜霜霉病症状也表现出多样性，在发病初期容易误判，延误最佳治疗时机，造成损失。因此，找出黄瓜霜霉病的发生原因及防治对策，提高黄瓜生产效益成为当务之急。

1　黄瓜霜霉病发病症状

　　黄瓜霜霉病在黄瓜苗期和成株期均可发生，主要为害叶片。苗期发病，子叶正面产生不规则褪绿黄斑，湿度大时叶背产生大量灰黑色霉层，随着病情的发展，子叶变黄干枯（彩图1）。成株期发病多从中下部坐瓜节位的功能叶片开始，逐渐向上蔓延。发病初期，叶片背面产生水渍状浅绿色、受叶脉限制的多角形病斑（彩图2），发病中后期叶片正面出现黄色病斑（彩图3），潮湿环境下叶背面产生黑色霉层（彩图4）。发病严重时，除顶端少量新叶外，全株叶片病斑连接成片，呈黄褐色，干枯卷缩（彩图5）。

　　而在田间调研过程中，笔者发现大棚及温室出现了一种新的发病症状，叶片表现为正面褪绿，或有圆形小型泡状突起，叶背面水渍状，界缘清晰，有的连成片，与细菌性角斑病的发病症状非常相似，幼嫩子叶和老叶均可发生（彩图6）。许多地区菜农称这种症状为"小霜霉"或"假霜霉"。出现这些症状可能与环境及抗病品种有关。

彩图1　子叶正面产生不规则褪绿黄斑

彩图2　发病初期叶片症状

彩图3　发病中后期叶片正面症状

彩图4 叶片背面产生黑色霉层

彩图5 全株叶片病斑连接成片，呈黄褐色

彩图6 黄瓜霜霉病新的发病症状（叶正背面）

2 黄瓜霜霉病菌侵染过程

通过对霜霉病接种后叶片染色观察发现，霜霉病孢子囊（彩图7）首先附着于叶片，在温、湿度条件适宜侵染，且叶面有水滴或水膜的条件下，附着于叶片表面的孢子囊开始侵染。孢子囊的侵染分为两种情况：一是孢子囊直接萌发产生芽管，通过气孔或细胞间隙进行侵染，并且孢子囊多附着于叶片表皮毛上，萌发产生芽管后侵入表皮毛。二是孢子囊不直接萌发，而是释放出游动孢子，由游动孢子萌发产生芽管，从寄主气孔或细胞间隙侵入进行侵染。

侵入叶片后菌丝在细胞间蔓延，靠吸器伸入细胞内吸取营养（彩图8）。霜霉病菌在叶片中广泛地生长，遇到叶脉后菌丝的扩展受阻，但菌丝可以克服这种阻碍，在叶脉中产生菌丝，然而与胞间菌丝的形态不同，叶脉中的菌丝为扇形的多分枝菌丝，无吸器产生。

叶片中病原菌广泛地扩散后，孢囊梗从气孔伸出多根初生孢囊梗（彩图9），但每个气孔只有1～2根初生孢囊梗逐渐成熟形成次生孢囊梗，其他初生孢囊梗退化，次生孢囊梗逐渐分枝后，在次生孢囊梗二权状分枝顶端形成孢子囊，孢子囊成熟后脱落，随气流、雨水等传播，进行再侵染。

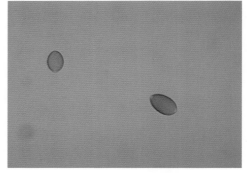

彩图7　病原菌孢子囊

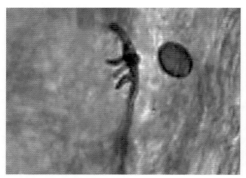

彩图8　吸器

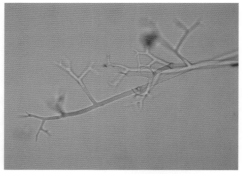

彩图9　病原菌孢囊梗

3　黄瓜霜霉病菌传播途径

周年种植黄瓜的地区，病原菌在病叶上越冬或越夏，并通过气流、雨水、灌溉水等进行传播。当到达叶片上的病原菌量及侵染条件适宜时，病原菌开始侵染，植株形成发病中心。孢子囊成熟后，一方面主要靠气流携带从一个田块到另一个田块进行远距离传播；另一方面，孢子囊随雨水溅飞、农器具移动等进行近距离传播。

北方冬季不种黄瓜的地区，病原菌不能越冬，菌源主要来自于周边地区及南方等周年种植黄瓜地区，靠季风从这些地区携带孢子囊，当到达的孢子量达到发病量并且当地温湿度等条件适宜时，病原菌开始侵染。首先形成发病中心，而后通过气流、雨水等传播开来，造成病害的大流行。

温室大棚与露地的病原菌传播有所不同，病原菌一方面来源于邻近的露地或相邻发病大棚，大量的孢子囊通过温室大棚侧面风口随气流进入大棚，成为侵染源；另一方面由于温室连作，致使土壤中菌量大，而且大棚栽培的特定环境易形成病害适宜发生的温、湿度。因此，黄瓜霜霉病首先在湿度较大的区域（往往是棚室滴露处）发生，形成发病中心。由于棚室中的温、湿度适宜，病菌繁殖较快，孢子囊形成速度快，加上基本不受风、雨等因素影响，空气中散布的孢子囊均匀地散落到黄瓜叶片上，引起再侵染。因此，随着病情的发展，田间病株呈均匀分布。

综上所述，温室大棚黄瓜霜霉病的发生流行规律与露地基本相似，在病原菌存在的前提下，适宜的气候条件引起黄瓜霜霉病的发生。如果温、湿度调控不好，极易满足黄瓜霜霉病传播流行的条件，易造成病害大发生。

4　黄瓜霜霉病防治技术

针对上述黄瓜霜霉病的侵染过程及传播途径，露地及温室、大棚均可从以下几个方面制定防治措施，从而更好地防止黄瓜霜霉病的发生和蔓延。

（1）对于病原菌的来源，有条件的单位可以通过孢子捕捉器实时监测，做好预测预报工作，以便及时采取措施来减少病源。应及时清理病残体及拔除发病植株，并采取瓜类与非瓜类作物最少3年以上轮作来有效地减少病原菌累积，减少初侵染源，尽量避免重茬连作。

（2）对于雨水和灌溉水溅飞传播，可以采取高垄栽培，减少黄瓜茎基部叶片与水直接接触的机会，防止水滴溅飞造成病原菌的传播，同时也可改善黄瓜根际土壤的通透性，提高植株抗病能力。

（3）对于农事操作的传播，农事人员在农事活动后，应及时对衣服、鞋子及农机具等进行消毒或清洗，防止将病原菌带入无病田块。

（4）对于黄瓜上甲虫的传播，可以采用化学农药进行防治。

（5）由于病原菌多从气孔侵入，可以采取增施CO_2的方法。霜霉病菌的游动孢子在水滴中游动时遇到气孔即可侵入，当CO_2浓度升高时，叶片气孔部分关闭，对霜霉病病菌的侵入起到了一定的阻碍作用。

（6）针对霜霉病孢子囊喜欢附着于叶片表皮毛的特点，可以进行品种选育，选择叶片表皮毛少的黄瓜品种进行种植。

（7）对于适宜病害发生的高湿条件，可在黄瓜生长的中后期及时整枝吊蔓，减少叶面重叠，以利于空气流通，降低空气湿度。

（8）针对化学防治存在的问题，采用化学防治时应该注意以下3个方面：首先，科学合理用药，延缓抗药性产生。避免长期单一用药，选用新品种农药；保护性杀菌剂（如代森锰锌）和内吸性杀菌剂（如烯酰吗啉）交替使用；正确复配、混用各种防治霜霉病的药剂，如50%烯酰吗啉可湿性粉剂1 000～1 500倍液，或10%氟噻唑吡乙酮可分散油悬浮剂3 000～4 000倍液，71%乙铝·氟吡胺水分散粒剂800～1 000倍，34%唑醚·丙森锌水分散粒剂500～800倍液，或687.5克/升氟菌·霜霉威悬浮剂800～1 200倍液，或66.8%丙森·缬霉威可湿性粉剂600～800倍液进行喷雾防治，掌握适宜的用药量和药液浓度，控制施药次数，掌握合理的施药间隔期。其次，掌握育苗期、定植缓苗期、开花初期及采收盛期4个关键时期，做到及早预防。最后，提高用药技术，保证用药质量。喷药要全面，抓住大棚"前脸"植株、中心病株周围的植株、植株中上部易受病原菌侵染的功能叶片3个喷药重点。并根据药剂对温度、湿度和光照的要求，把握最佳施药时期。注意施药部位，针对黄瓜霜霉病多在叶片背面形成霉层，后期在叶片正面也形成少量霉层的特点，叶背面、正面都要喷施，重点喷叶背，能达到更好的防治效果。

目前，黄瓜的种植主要以棚室为主，因此棚室黄瓜霜霉病的防治是重点。温室大棚区别于露地的一大特点是具有人为可控性，加之病原菌需要在特定的环境条件下引起发病。因此，温室、大棚除了上述防治方法外，还可采用以下特有的防治方法。

（1）为了防止病原菌从外界进入棚室，减少菌源，在保护地条件下应该充分利用薄膜的保护，防止霜霉病菌侵入棚室。放风时开顶风口，推迟或不放腰风、底脚风。

（2）为了降低棚室内湿度，可采用全地膜覆盖，改进灌溉技术。

（3）为了降低棚室内温度，应做到科学放风，在早上揭开覆盖物后放风1小时左右，降湿排废气，然后闭棚，使棚室内温度保持在30℃左右。温度超过30℃时开始放风，使温度降至20～25℃，这样可防止黄瓜叶片上结露，抑制黄瓜霜霉病发生。

阴雨天气，请注意"甜瓜霜霉病"的侵袭

近年来随着我国甜瓜栽培面积不断扩大，甜瓜霜霉病发生面积和受害面积也逐年增加，无论是露地还是保护地栽培的甜瓜，常因此病损失惨重。

霜霉病是甜瓜和黄瓜等葫芦科作物上广泛发生的一种世界性真菌性病害。该病发病快、危害大、防治难，与降雨和湿度关系十分密切。特别是在高湿的条件下，一旦发生流行迅速，如果防治不及时或者栽培品种缺乏霜霉病抗性将造成发病叶片迅速枯焦，俗称"跑马干"，最终导致果实不能成熟，对甜瓜的产量、果实含糖量和商品率都造成了直接的影响。

1 甜瓜霜霉病的准确识别

1.1 发病症状

霜霉病在甜瓜苗期及成株期均可发生，主要为害叶片（彩图1）。从中、下部叶片开始发病（彩图2），叶片正面出现淡黄色小斑点（彩图3），随后病斑扩大成角斑状，因叶脉限制呈多角形（彩图4）。田间湿度大时，叶片背面产生稀疏的褐色至灰褐色霉层，病势进展快时，病斑相互融合而使整片叶变黄枯焦，病叶干枯时易破裂，导致果实不能成熟。

1.2 病原菌

甜瓜霜霉病的致病菌是古巴假霜霉菌（*Pseudoperonospora cubensis*），属于假菌界（又称藻物界或管毛生物界，Chromista）卵菌门（Oomycota）霜霉菌目假霜霉属，是一种专性寄生菌，菌丝体无隔膜、无色，以卵形或指状分枝的吸器伸入寄主细胞内吸收养分，无性繁殖产生孢囊梗和孢子囊。

彩图1 甜瓜霜霉病发病田

彩图2 中、下部叶片开始发病，向上蔓延

彩图3　发病初期，叶片正面出现呈水渍状　　　彩图4　病斑扩大成角斑状
　　　　淡黄色小斑点

2　甜瓜霜霉病为何如此"流行"

2.1　抗病品种

优质、综合抗病性强的甜瓜品种较少。

2.2　初侵染源

病原菌主要在冬季温室内越冬，可常年发生。

2.3　环境条件

设施栽培的特点非常符合霜霉病的发病条件，高温、高湿和通风透气性差。温度20～26℃，相对湿度85%以上最适病菌生长；气温15～20℃，相对湿度83%以上即大量产孢，湿度越高产孢越多。

2.4　传播方式

病原菌主要通过气流传播，也可借水流、农事操作传播，发展迅速，易于流行，一旦发生，便很难控制。

2.5　抗药性

对甜瓜霜霉病的防治主要以化学药剂为主，而长期使用化学农药使霜霉病菌抗药性增强，导致部分化学药剂也失去它的有效性。

3　预防为主，综合防治

甜瓜霜霉病主要通过气流传播，发展迅速，易于流行，应积极贯彻"预防为主，综合防治"的原则，加强田间监测。

3.1　加强田间管理

（1）开花结果期，要合理留瓜，同时加强水肥管理，保证植株具有较强的抗病能力。

（2）采用高垄地膜覆盖，膜下滴灌或暗灌，降低棚内空气湿度。

（3）霜霉病一般从中、下部叶片开始发病，所以在结瓜后要及时打去底部老弱病残叶，增加田间通风透光性。

（4）有条件的地方，与非瓜类作物进行轮作，可以取得较好的预防效果。

3.2 药剂防治

除了要加强管理外，还要提前施药预防，发现中心病株可用687.5克/升氟菌·霜霉威悬浮剂1 000 ～ 1 500倍液，或18.7%烯酰·吡唑酯水分散粒剂800 ～ 1 200倍液，或60%唑醚·代森联水分散粒剂750 ～ 1 500倍液喷雾防治。根据病害发生程度和趋势调整用药剂量和次数，且药剂要轮换使用，避免产生抗药性。

注意：甜瓜对化学农药相对比较敏感，不同甜瓜品种、不同的环境条件或是栽培管理中很多农药都容易引起药害，所以在采用药剂防治前，先小面积施用确定无药害后，再大面积施用。

瓜类白粉病来袭不可怕，综合防治解决它

瓜类白粉病是世界性病害，在我国最早于1886年发生在云南的葫芦科植物上，目前已遍及全国。我国各地的瓜类白粉病在不同蔬菜品种间发生的情况略有不同，有文献报道在我国北方以黄瓜、西葫芦、甜瓜及南瓜发生较重，例如，新疆、陕西、黑龙江、吉林发病株率可达90%；在南方以黄瓜及苦瓜较重。

近年来，随着设施、栽培技术及适宜品种的引进，非耕地设施蔬菜呈现蓬勃发展的景象。2010 年以来，笔者及课题组人员通过对内蒙古、甘肃、宁夏、新疆、青海和西藏等地的调查发现，非耕地设施蔬菜白粉病为害严重，主要为害黄瓜、西葫芦、甜瓜和西瓜，田间普遍发病率达到60%以上，产量损失超过30%，给非耕地设施瓜类生产带来严重损失。

1 瓜类白粉病病原菌及为害症状

在瓜类叶表面见到的白粉状物即是该病的病原菌，在一般情况下见到的多为它的无性世代，即粉孢属的一些种（*Oidium* spp.），而白粉菌的分类是根据有性世代来分的，国内外的一些文献认为瓜类白粉病多属于2个种，即：瓜类叉丝单囊壳菌 [*Podosphaera fuliginea* （Schltdl.） U. Braun et S. Takam] 和葫芦科高氏白粉菌 [*Golovinomyces cichoracearum* （DC.） V. P. Heluta]，根据笔者所

见，在瓜类中，瓜类叉丝单囊壳菌更普遍一些（彩图1、彩图2）。

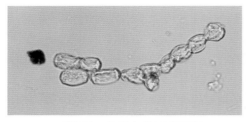 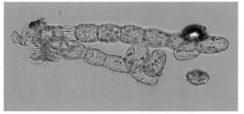

彩图1　黄瓜白粉病病原菌　　　　　彩图2　甜瓜白粉病病原菌

　　瓜类白粉病菌主要侵染叶片，也为害茎和叶柄，使叶片枯黄卷缩，叶片一般不脱落，严重时植株枯死，果实一般不受害，但品质降低、产量减少。植株从幼苗时即可发病，但以中后期发病较多。叶片发病，初期叶正面或背面产生白色近圆形的小粉斑，后逐渐扩大成边缘不明显的连片白粉斑，叶面较多，叶背较少（彩图3、彩图4）。

彩图3　甜瓜白粉病叶片初期为害症状

彩图4　甜瓜白粉病后期为害症状

2　传播途径与发病条件

　　病原菌以闭囊壳随病残体越冬，也能在温室、大棚生长的瓜类蔬菜上越冬，瓜类作物连茬的温室、大棚是病菌的主要越冬场所。在塑料棚、温室或田间，白粉病是否能流行取决于湿度和寄主的长势。低湿有利于其分生孢子的繁殖和扩散，高湿有利于分生孢子的萌发。所以，雨后干燥，或少雨但田间湿度大，白粉病流行速度加快，尤其当高温干旱与高温高湿交替出现，或持续闷热时更有利于病菌不断产生孢子并进行侵染，致使病害流行，一旦流行常为害至拉秧，栽培后期瓜类白粉病株发病率可达60％以上。此外，瓜类栽培过密、光照不足、管理粗放、植株徒长、早衰等都会促使白粉病流行。

3 瓜类白粉病防治建议

由于白粉病病原菌繁殖率高，且一个流行季节可以繁殖多代，因此其病菌群体数量惊人，蔓延速度快，为害严重。非耕地设施条件改变了蔬菜生长的小环境，使得早春、秋延后及越冬蔬菜生产环境均适宜白粉病的发生，这直接导致非耕地设施蔬菜白粉病呈现周年发生、寄主多样、防治困难等特点。结合非耕地设施蔬菜白粉病严重发生原因，提出以下4点防治建议。

3.1 选用抗病品种

选用抗病品种是防治蔬菜白粉病最经济有效的手段，目前瓜类白粉病有部分抗性品种可供选择，如黄瓜品种中农26和中农106对白粉病表现中等抗性，甜瓜品种IVF208、西州蜜17、长香玉等对白粉病表现为高抗水平。建议生产中保持品种多样性，避免长期、大规模种植单一品种，可以避免病原菌和寄主互作产生抗性菌株，增加防治难度。

3.2 从源头控制菌源

源头控制菌源需要注意3个关键环节：一是在上茬感病作物拉秧前持续采取防治措施，避免因防治的空白阶段而引起病原菌大量繁殖，建议自始至终采取有效的防治手段；二是及时拉秧、清除病残体。生育后期，棚内产值下降明显时应选择及时拉秧，田间病残体及田园周围杂草清理干净，采取远离种植区集中深埋或焚烧的方式彻底清除；三是田园清洁干净后定植之前采用硫黄熏蒸的方式对全棚进行熏蒸，清除死角，减少翌年种植的初侵染源。

3.3 加强病情监测

加强对蔬菜种植人员的科技培训，增强农事操作人员辨识病害的能力，尤其是早期病害的辨识，做到早发现、早治疗。田间发现中心病株以后及时进行药剂防治，减少发病区域的人员活动。

3.4 多种类型的药剂交替使用

在发病前期或发病初期，只有植株下部少数叶片出现褪绿症状，此时病原菌菌丝还处于叶片组织内部的萌发阶段，可以选用1 000亿芽孢/克枯草芽孢杆菌可湿性粉剂800 ~ 1 000倍液，或1%多抗霉素水剂300倍液，或甲氧基丙烯酸酯类杀菌剂（250克/升嘧菌酯悬浮剂1 000倍液，或50%醚菌酯水分散粒剂3 000倍液）喷雾防治，施药间隔期为8 ~ 10天，连续施药2 ~ 3次。发病中期，植株的中上部叶片、嫩叶甚至叶柄也出现病斑时，选择具有治疗性的杀菌剂喷雾防治，如SDHI类杀菌剂（41.7%氟吡菌酰胺悬浮剂6 000 ~ 8 000倍液）、嘧啶类杀菌剂（25%乙嘧酚磺酸酯1 000 ~ 1 500倍液）、酰胺类杀菌剂（20%吡噻菌胺悬浮剂3 000 ~ 3 500倍液）或复配杀菌剂（42.4%唑醚·氟酰胺悬浮剂3 000倍液，或43%氟菌·肟菌酯悬浮剂6 000倍液），用药间隔期7 ~ 10天，连续施药2 ~ 3次。白粉病易产生抗药性，应注意轮换用药。黄瓜、甜瓜有些品种对含硫农药敏感，应注意控制施用浓度。

瓜类蔬果损失惨重，罪魁祸首竟然都是蔓枯病

2020年3月初，山东寿光的农友向笔者团队求助，一直以来甜瓜棚有一种病害发生普遍，主要表现为茎节处变褐，后期茎秆折断，叶片很快萎蔫。茎秆发病相对叶片发病，防治难度增大，病害蔓延很快。经鉴定此为蔓枯病，又称黑色茎蔓腐烂病或黑色斑点腐烂病，在冬季大棚中为害尤为严重，造成死藤、烂叶、果实腐烂等，导致果实品质和产量下降，可食用性降低，给瓜农带来严重损失。

蔓枯病最初于1891年在法国、意大利、美国被报道，寄主分别为黄瓜、甜瓜、西瓜，而后该病频繁发生于温室中。我国华北、东北、新疆等地都有瓜类蔓枯病的记载。蔓枯病病原菌的寄主范围广泛，可寄生在绝大部分的瓜类作物上，包括黄瓜、西葫芦、甜瓜、西瓜、丝瓜、苦瓜、佛手瓜等。由于蔓枯病的病害症状变化多样，且不易辨别，常导致防治药剂使用不当，严重影响防治效果。为有效控制瓜类蔓枯病的发生，并提供有效的防治方法，笔者对山东省寿光市和北京市顺义区等保护地瓜类蔓枯病进行病害调查，现将该病的症状特点、识别方法及防治措施介绍如下。

1 瓜类蔓枯病发病症状

瓜类蔓枯病的症状既表现出统一性又呈现出侵染点多样性。统一性是指病

斑面积较大，多呈腐烂状，病部薄且易碎，湿度大时清晰可见密集的小黑点。侵染点多样性是指蔓枯病可侵染植株多个部位，且症状表现各不相同，包括生长点腐烂，叶斑，茎蔓、叶柄、果柄腐烂，果实水渍状腐烂等。

1.1 生长点被害

瓜类作物生长点被害后多皱缩变黑色（彩图1），整个生长点呈水渍腐烂状，并停止生长。生长点外围的幼嫩叶片受害初期呈水渍状小点，后扩展成黄褐色大圆斑，若由叶缘侵入，则叶缘卷曲变黄（彩图2），后扩展为半圆形弧形斑，湿度大时可见小黑点，即病原菌的分生孢子器。丝瓜、黄瓜上该症状表现明显。

1.2 叶片被害

叶片染病初期表现为水渍状病斑，病斑周围均有黄色晕圈，而后病斑蔓延扩大，变为浅褐色，病斑近圆形或不规则形，直径可达2.5～3.5厘米，易破裂，病斑多自叶缘呈V形向内蔓延，衰老的下部叶片易染病，病斑上密生小黑点（彩图3）。如遇晴朗干燥天气，病斑上会有明显轮纹。该症状多表现在黄瓜、丝瓜上。在苦瓜、冬瓜被害叶片上，病斑初为圆形或不规则形，灰绿色，后转变为深褐色，病斑水渍状，正、背面症状相似（彩图4），严重时整片叶萎蔫，植株为害严重时不常见小黑点。

彩图1　丝瓜生长点被害状

彩图2　黄瓜生长点被害状

彩图3　叶片病斑呈V形

彩图4　苦瓜叶片被害状

1.3　茎蔓被害

茎蔓染病多发生在基部分枝或近节处，病部首先出现灰褐色不规则形病斑，后病斑纵向蔓延，后期病部密生小黑点（彩图5），有时还溢出琥珀色胶状物。茎基部病斑初期灰绿色、菱形或条形，逐渐形成黄白色的长条形或椭圆形凹陷斑（彩图6）。当节点被害严重阻止了水分和营养成分的运输后，未被侵染的叶片、瓜蔓等也会部分或全部变黄、萎蔫，最终导致死亡。

1.4　花器被害

病菌可侵染柱头，导致柱头变黑、腐烂，并向内延伸，被害后期花朵萎蔫，不能结果（彩图7）。

1.5　果实被害

病菌侵染花器后，可向瓜顶端蔓延，导致果实顶端水渍状腐烂，果实变黑（彩图8），果肉腐烂，严重影响果实品质。有时可见琥珀色胶状物产生。该症

彩图5　黄瓜茎部被害状　　　　　　彩图6　黄瓜茎基部被害状

彩图7　花器被害状

彩图8　黄瓜果实被害状

状多表现在黄瓜、丝瓜等果实上。

2　瓜类蔓枯病病原菌特征

瓜类蔓枯病病原菌的有性型为子囊菌门（Ascomycota）亚隔孢壳科（Didymellaceae）亚隔孢壳属的 *Didymella bryoniae* (Fuckel) Rehm。贾菊生等于2003年在新疆发现黄瓜蔓枯病有性态的假囊壳、子囊及子囊孢子等，并对其形态特征进行了详细描述。假囊壳孔口圆形，子囊着生在假囊壳底部，束状生，圆筒形或棍棒形，子囊末端锐或钝圆，无色透明，大小为（45 ～ 82）微米 ×（8 ～ 15）微米。成熟假囊壳无侧丝。子囊内有子囊孢子8枚，呈单行或双行排列，1个隔膜，个别有2个隔膜，隔膜处明显缢缩，椭球形，无色，大小为（10.5 ～ 18.8）微米 ×（5.3 ～ 8.8）微米。

通常情况所见的无性型为 *Stagonosporopsis cucurbitacearum* (Fr.) Aveskamp，Gruyter & Verkley，异名包括 *Ascochyta citrullina*、*Ascochyta cucumis*、*Ascochyta melonis*、*Phoma cucurbitacearum* 等。分生孢子器扁球形，器壁淡褐色，顶部呈乳状突起，器孔口明显（彩图9）。分生孢子短圆至圆柱形，无色透明，两端较圆，初为单胞，后生一隔膜，隔膜处有缢缩或弯曲，大小（6 ～ 10）微米 ×（20 ～ 50）微米（彩图10）。

该菌发育适温为20 ～ 24℃，持续或间断的光照可促进产孢；有光源的情况下，在PDA或蛋白胨葡萄糖培养基上即可产生大量分生孢子器，子囊孢子和子囊则不易产生。在PDA培养基上菌丝扩展较快，菌落边缘稀薄，中间稠密，略隆起，正面有同心轮纹，边缘波浪状，背面初为白色，后期变为黑色。

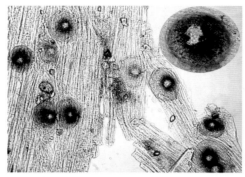
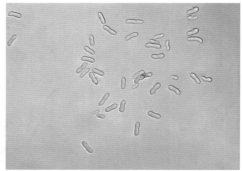

彩图9　分生孢子器扁球形，孔口明显　　　**彩图10　分生孢子无色，圆柱形**

3　瓜类蔓枯病发生规律

　　病菌主要以菌丝体、分生孢子器随病残体在土壤中越冬，种子也可带菌，成为下一季发病的初侵染源。该菌可在没有寄主植物存在的土壤中至少存活2年，并可在温室中干燥病残体上存活，而在潮湿土壤中不易存活。冬季可在湿热的温室中生存，翌年天气转暖后分生孢子萌发产生菌丝侵染，而后分生孢子靠风雨溅散或灌溉水传播，进行再侵染。病菌还可通过气孔、水孔和伤口侵染植物体。保护地内高温高湿是该病害发生的主要因素之一，连作、种植过密、管理粗放、田间通风不良、植株长势弱等都可加重病害的发生。

4　瓜类蔓枯病综合防控措施

4.1　农业防治

　　（1）种子处理　播种前进行温汤浸种，即用48～50℃的温水浸种30分钟，而后用凉水浸泡降温后晾干播种；也可用70%甲基硫菌灵可湿性粉剂400～700倍液，或25%嘧菌酯悬浮剂1 000倍液浸种，以杀死或抑制种子表面以及潜伏于种皮内部的病菌。

　　（2）科学管理　与非瓜类作物轮作2～3年，以减少初侵染源；因地制宜，合理密植，以免通风不良造成病害发生流行；加强田间管理，底肥、追肥要充足，增施磷钾肥，控制氮肥用量，以增强植株抗病性；施用充分腐熟的农家肥；及时清除病叶、病茎等，带到田外集中堆沤或深埋，并用石灰消毒病株周围土壤，以减少菌源。

　　（3）控制温湿度　棚内温度白天控制在15～20℃，高于20℃及时放风，夜间10～15℃，以缩小昼夜温差，减少结露。浇水时切勿大水漫灌。

4.2　化学防治

由于植株中下部茎蔓及叶片发病较重，要重点喷施。病害发生前或初见零星病斑时可用250克/升嘧菌酯悬浮剂1 000 ～ 1 500倍液，或22.5%啶氧菌酯悬浮剂1 500 ～ 2 000倍液，或40%苯甲·吡唑酯悬浮剂2 800 ～ 3 500倍液，或35%氟菌·戊唑醇悬浮剂2 500 ～ 3 000倍液，或43%氟菌·肟菌酯悬浮剂3 000 ～ 4 000倍液喷防，隔7 ～ 10天喷1次，连喷2 ～ 3次。对于发病严重的茎蔓，可用毛笔蘸10%苯醚甲环唑水分散粒剂200倍液涂抹病斑部分，尤其对流胶处伤口愈合有促进作用。

瓜类炭疽病治不住？是时候告诉你真相了

炭疽病是瓜类作物上的重要病害，我国各地、各生产季均普遍发生。受害严重的有黄瓜、冬瓜、瓠瓜、西瓜、甜瓜和苦瓜，南瓜和西葫芦受害稍轻。一直以来，南方露地发生严重。近年来，随着保护地栽培面积的扩大，北方温室及塑料大棚中黄瓜和苦瓜炭疽病的发生呈上升趋势，苗期、生长期、贮藏期该病均能发生，严重影响瓜类蔬果的产量和品质。

1　症状识别

1.1　黄瓜炭疽病发病症状

黄瓜炭疽病发病多表现在叶部，病斑为近圆形至圆形，直径为5 ～ 10毫米，病斑不像霜霉病那样严格受叶脉限制，初为水渍状，逐渐发展成黄褐色至灰褐色，边缘晕圈明显（彩图1）。在湿度较低的情况下，病斑易形成穿孔。后期病斑连接形成不规则的大型病斑，病斑上散生小黑点，该症状可与棒孢叶斑病、灰霉病、红粉病和霜霉病进行区分。

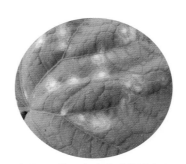

彩图1　黄瓜炭疽病叶片被害状

1.2　苦瓜炭疽病发病症状

幼苗期发病时，子叶边缘呈现褐色半圆形或圆形病斑，稍凹陷。成株期叶片发病，叶部病斑近圆形，大小不等，初为水渍状，随着病情的发展，病斑中央呈灰白色，边缘红褐色（彩图2），常常几个小病斑连在一起，呈不规则大病斑。幼瓜、成瓜均可发病，病斑常开裂，初为灰白色至淡黄褐色（彩图3），后变成红褐色至褐色，稍凹陷。湿度大时，病斑有淡粉红黏液溢出。发病严重时，病部扩展，可引起瓜条腐烂。

彩图2　苦瓜炭疽病叶片被害状

彩图3　苦瓜果实被害状

2　病原菌特征

引起瓜类炭疽病的病原菌为瓜类刺盘孢 [*Colletotrichum orbiculare* (Berk.) Arx]。该菌分生孢子盘黑色，刚毛偶有或无（彩图4），产孢细胞无色，圆柱状，内壁芽生瓶体式产孢。分生孢子圆柱形、卵圆形或新月形（彩图5、彩图6），无色单孢，顶端钝圆，对称或不对称，大小为 (7.7～10.7) 微米×(3.5～4.7) 微米。

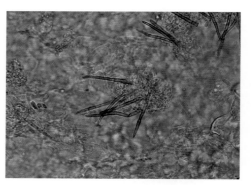

彩图4　瓜类炭疽病菌分生孢子盘

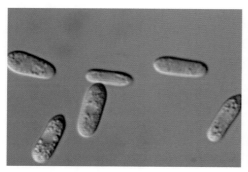

彩图5　瓜类炭疽菌圆柱形分生孢子

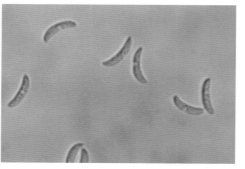

彩图6　瓜类炭疽菌新月形分生孢子

3　瓜类炭疽病大发生原因

3.1　多年连作造成土壤中炭疽病菌的积累

种植户常采用连作模式，发病田地收获后不及时清理田间病果，导致其成为第2年病害发生的主要侵染源。在合适的气候条件下，迅速扩散蔓延，造成病害连年加重。

3.2　高湿环境利于炭疽病菌的侵染和传播

田间、大棚中湿度过高利于病原菌孢子的萌发侵染，雨水反溅增加了瓜类接触病原菌的机会，为炭疽病的发生、传播及流行提供了条件。

3.3　发病前期未及时防治

发病初期，田间症状不明显，种植户缺乏防范意识，未及时用药，导致症状出现后难以防治。

4　瓜类炭疽病防治建议

4.1　种子消毒

种子用55℃温水浸种15～20分钟，或用40%甲醛150倍液浸种1小时，或用50%咪鲜胺锰盐可湿性粉剂1 000倍液浸种10～30分钟，捞出后用清水冲洗干净播种。

4.2　加强田间管理

种植时施足基肥，增施磷、钾肥；适当控制灌水，雨后及时排水；发病时及时摘除病瓜、病叶，减少田间有效菌源；绑蔓、采收等农事操作，应在露水干后进行，避免人为传播；收获后彻底清除田间病残体，并深埋或烧毁。

4.3　药剂防治

发病前可以使用10亿孢子/克多粘类芽孢杆菌可湿性粉剂600～800倍液进行预防用药。发病初期及时进行药剂防治，可选用50%咪鲜胺悬浮剂2 500～3 000倍液，或25%吡唑醚菌酯悬浮剂2 000～2 500倍液，或22.5%啶氧菌酯悬浮剂2 000～2 500倍液，或25%二氰·吡唑酯悬浮剂1 500～2 000倍液，或43%氟菌·肟菌酯悬浮剂3 000～4 500倍液，或70%甲硫·丙森锌可湿性粉剂800～1 200倍液，每7～10天喷1次，连喷2～3次。以上药剂，交替轮换使用，均可收到良好防效。

"小黑点"大危害，黄瓜黑星病持续发生怎么办

由枝孢属（*Cladosporium* sp.）真菌引起的黄瓜黑星病，又称疮痂病，是黄瓜生产上的一种世界性病害，严重影响着黄瓜的产量。自20世纪80年代初期以来，随着我国保护地蔬菜生产的发展，黄瓜黑星病在东北三省部分地区为害严重。目前已遍及全国，以北方为害较重。

1 国内黄瓜黑星病的发生情况

我国自20世纪50年代首先在河南的葫芦、黄瓜上发现黄瓜黑星病之后，80年代该病害开始在东北三省的保护地黄瓜上普遍发生，后蔓延到内蒙古、山东、北京、河北、山西、海南等省（自治区、直辖市）乃至全国各地，现已成为东北三省保护地黄瓜生产上的重要病害之一。1993—2013年间山东省德州市、天津市静海区、黑龙江省青冈县及辽宁省朝阳市相继暴发黄瓜黑星病，病株率均高达80%以上，其中2007年天津市东丽区暴发黄瓜黑星病，发病严重的大棚病株率可达95%以上，病瓜率可达90%以上，一般减产20%～30%，严重时减产达80%以上。2014—2015年，笔者对全国黄瓜主产区病害进行调查，发现山东、河北、北京等地温室黄瓜依然有黄瓜黑星病发生，局部发生严重。

2 黄瓜黑星病田间症状

黄瓜在苗期和成株期均可被病原菌侵染。成株期黄瓜不同部位，如叶片、茎蔓、果实均可发病。苗期种子带菌，发芽后子叶发病产生黄褐色近圆形斑点（彩图1），真叶发病产生黄白色近圆形斑，后变暗褐色，穿孔开裂（彩图2、彩图3）。随着发病时间的延长，病斑数量增多，穿孔扩大，叶片发生扭曲，湿度大时长出灰黑色霉层，严重时苗期生长点发病变褐，随后坏死（彩图4）。成株期叶片发病，病斑较小，近圆形，淡黄色至白色，病斑直径1～4

彩图1　苗期子叶发病症状

毫米，初期病斑周围有黄色晕圈，后期病斑薄而脆，易破裂穿孔呈星状（彩图5），叶脉受害后，病组织坏死，周围健部继续生长，致使病部周围叶组织皱缩（彩图6）。成株期茎蔓、叶柄、卷须发病，病斑呈长梭形或长椭圆形，淡褐色，稍凹陷，形成疮痂状，有时茎裂开，卷须受害处变深褐色至黑色而干枯。成株期瓜条发病，发病初期为近圆形褪绿小斑，病斑处溢出乳白色透明的胶状物，不流失，后变为琥珀色，后期胶状物脱落（彩图7），病斑凹陷，进而龟裂成疮痂状，由于病斑处组织生长受抑制形成木栓化，使瓜条弯曲畸形，受害瓜条一般不腐烂。

彩图2　苗期真叶发病初期

彩图3　苗期真叶发病后期，病斑穿孔

彩图4　苗期生长点发病坏死

彩图5　成株期叶片发病穿孔

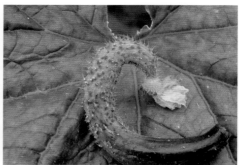

彩图6　成株期叶片背面发病症状　　　彩图7　果实发病扭曲溢出胶状物

3　黄瓜黑星病病原菌特征

黄瓜黑星病病原菌无性型为枝孢属(*Cladosporium* sp.)。目前世界上已经报道的可以引起黄瓜黑星病的枝孢属真菌有4种，即枝状枝孢 [*Cladosporium cladosporioides* (Fresen.) G.A. de Vries]、瓜枝孢（*Cladosporium cucumerinum* Ellis & Arthur）、多主枝孢 [*Cladosporium herbarum* (Pers.) Link] 和细极枝孢（*Cladosporium tenuissimum* Cooke），其中由瓜枝孢引起的黄瓜黑星病发生最严重。瓜枝孢分生孢子梗单生或3～6根簇生，分枝或不分枝，直立，深褐色，上部色淡，光滑，3～8个隔膜，基部常膨大，大小为（76～380）微米×（3.2～5.0）微米，基部有时膨大处直径5.0～7.5微米(彩图8)。分生孢子链生且具分枝链，椭圆形、圆柱形、近球形，淡橄榄色，平滑或具细微疣突，多数无隔膜，偶有1隔，大小为（3.8～23.5）微米×（2.5～6.0）微米(彩图9)。瓜枝孢在PDA培养基上菌落初为白色，后为绿色至黑绿色，天鹅绒状或毡状。

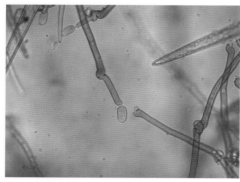

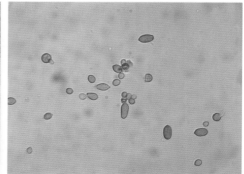

彩图8　400倍镜下分生孢子梗　　　　　彩图9　400倍镜下分生孢子

4 黄瓜黑星病发生规律

4.1 初侵染源及侵染循环

黄瓜黑星病的初侵染源主要为种子和病残体，或者以菌丝体或菌丝块存留在病残体和土壤中。病原菌靠雨水、气流或农事操作在田间传播，在适宜的温湿度条件下，产生新的分生孢子，随风或靠孢子弹射到植株各部位开始侵染，周而复始一直延续到秋末。病原菌可以从叶片、果实、茎表皮直接侵入，或从气孔和伤口侵入，棚室内的潜育期一般为3～10天，露地为9～10天，黄瓜整个生长期均为黑星病繁殖侵染期。

4.2 田间发病规律

辽宁省日光温室冬春茬黄瓜黑星病流行过程可划分为4个时期，本病主要借病苗带到定植的温室中，成为一种初侵染源。定植后的3月中、下旬为叶部黑星病的始发期。3月下旬以后，随着幼瓜的出现，瓜条开始染病，至4月中旬为叶部及瓜部黑星病的上升期，此时病害发生速率较快。4月中旬至5月中、下旬为该病害发生的高峰期。5月中、下旬以后，随着温度升高及温室开始大放风，病害开始下降，为病害发生的衰退期。田间病害发生与幼苗带病关系密切，幼苗带病率高，发病则有加重的趋势。

4.3 病害发生与环境因子的关系

黄瓜黑星病属低温高湿类型病害，大棚黄瓜定植密度与发病情况呈正相关，定植过密，植株间郁闭，通风透光不良，导致棚内湿度增大，有利于该病发生。黄瓜黑星病发生与栽培条件和栽培品种关系密切。露地栽培架内比架外发病重，阴雨天较晴天发病重。温室或大棚内，相对湿度在90%以上，有利于病原菌进行侵染，最适发病温度为20～23℃。黄瓜黑星病病原菌必须在有水滴的情况下孢子才能萌发，否则即使相对湿度达100%也不萌发。此外，温室内温度低于20℃时，黄瓜植株生长较弱，利于发病。

5 黄瓜黑星病防治建议

5.1 选用抗病品种

黄瓜不同品种之间对黑星病的抗性存在明显差异，在黄瓜黑星病发生严重的地区应推广种植高抗黑星病的品种如中农11、中农13、津春1号等，可减少黄瓜黑星病的发生与蔓延。目前种植的抗黑星病水果型黄瓜品种有中农19、中农29，密刺型品种有中农31。

5.2 加强栽培管理

黄瓜应与非葫芦科作物进行轮作，以防止田间病原菌数量逐年积累；棚室于定植或育苗之前进行翻地整地，有条件的可进行土壤消毒，以降低棚室内病原菌基数；黄瓜定植后，要合理通风，尽量采用膜下滴灌，注意控制温室内温度及湿度；一旦发现黄瓜黑星病株，应及时清除黄瓜病株残体，集中销毁深埋，结合深翻地，杜绝初侵染源继续发展。

5.3 高温闷棚控制黄瓜黑星病

黄瓜黑星病菌生物学研究表明，病菌生长适宜温度为2～30℃，最适温度为20℃，高于32.5℃不生长。孢子的致死温度为40℃处理60分钟，菌丝的致死温度为52℃处理45分钟。棚室中，在黄瓜能够忍受的高温下（47～48℃）处理1～2小时，对黄瓜黑星病具有明显的控制作用，同时高温闷棚兼具防治黄瓜霜霉病的功效。

5.4 种子处理

黄瓜黑星病可由种子带菌，并进行远距离传播。防治黄瓜黑星病建议进行种子处理。具体方法：用55℃温水浸种15分钟，或用50%多菌灵可湿性粉剂800倍液浸种20～30分钟，清洗干净后催芽播种；或播种前进行土壤消毒，可选用50%多菌灵可湿性粉剂8克/米^{2}处理土壤。

5.5 药剂防治

在田间发病初期施药防治，施药时以喷施幼苗及成株嫩叶、嫩茎、幼瓜为主。药剂可选用250克/升嘧菌酯悬浮剂800～1 200倍液，或400克/升氟硅唑乳油5 000～7 000倍液，或12.5%腈菌唑可湿性粉剂1 800～2 500倍液，或20%腈菌·福美双可湿性粉剂500～1 000倍液，每隔7天喷1次，连续2～3次均匀施药。

苦瓜得了白斑病，瓜农地头现愁容

2019年10月以来，漳州某地种植户反映，自家的苦瓜叶片上长出了30～50个不等的小白斑，直接影响了苦瓜的长势和产量，并且这种情况每年10～12月都会发生，各种防治措施都试了个遍，效果并不理想。

1 苦瓜白斑病发病症状

该病主要发生在叶片上，斑点正背两面生，近圆形、多角形至不规则形。发病初期，病斑中央白色，边缘围以褐色的细线圈（彩图1）。发病后期，病斑中央灰白色至浅褐色，边缘褐色或暗褐色（彩图2），稍具轮纹，直径2~5毫米。严重时，多个病斑愈合成片，导致叶片干枯发黄。

彩图1　发病初期被害状

彩图2　发病后期被害状

2　苦瓜白斑病病原菌特征

该病由尾孢类真菌中的瓜类尾孢（*Cercospora citrullina* Cooke）引起。子实体叶两面生，子座小，球形，褐色，直径8.6~27.3微米。分生孢子梗单生、多根簇生，浅褐色，色泽均匀，宽度不规则，有时局部膨大，直立至弯曲，偶有分枝，1~7个曲膝状折点，顶部圆锥形平截，1~8个隔膜，大小为（42.0~240.5）微米×（3.8~5.3）微米。孢痕明显加厚，宽2.3~3.6微米（彩图3）。分生孢子针形，少数短孢子倒棍棒形，无色，直立或稍弯曲，顶部近尖至钝，基部平截至倒圆锥形平截，脐痕明显，3至多个隔膜，大小为（49.8~260.0）微米×（2.5~5.0）微米（彩图4）。

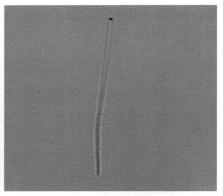

彩图3　分生孢子梗孢痕明显　　　　　　彩图4　分生孢子无色，针形

3　苦瓜白斑病菌侵染循环

病菌以菌丝体或分生孢子在病残体上越冬，翌年通过气流或雨水传播到健康叶片进行初侵染。田间发病后，病斑上产生大量分生孢子进行传播再侵染。温暖、潮湿或多雨季节发病严重。

4　苦瓜白斑病综合防控措施

4.1　农业栽培措施预防

一是要搞好田间清洁，及时清除病残体，减少病菌积累；二是要施足有机肥，第一轮结瓜时及时追肥，保证苦瓜根深株壮，提高抗病力；三是加强田间管理，雨后及时排水，防止湿气滞留，切忌大水漫灌；四是由于尾孢类真菌寄主特异性强，可与非葫芦科进行轮作。

4.2　科学合理用药

发病前或发病初期开始施药，可选择的药剂有：10%苯醚甲环唑水分散粒剂800～1 200倍液，或75%百菌清可湿性粉剂600～1 000倍液，或25%戊唑醇水乳剂2 500～3 500倍液，或35%氟菌·戊唑醇悬浮剂2 000～3 000倍液，或42.4%唑醚·氟酰胺悬浮剂2 500～3 500倍液喷雾，或40%苯甲·吡唑酯悬浮剂2 000～3 000倍液，进行叶片正背面喷雾及全株喷淋，一般每7～10天施药1次，每季作物周期最多使用3次。

4.3　使用新型装备

传统喷雾防治一方面会增加田间湿度，加重病害发生；另一方面喷雾操作会导致病斑上的湿分生孢子随雾滴飞溅向四周扩散。弥粉法施药可以有效解决这个问题，使用精量电动弥粉机配合超细75%百菌清可湿性粉剂或50%腐霉剂可湿性粉剂使用，不仅不会造成病斑上的分生孢子飞溅扩散，同时稳定的悬浮特性有助于杀灭空气中的病原菌。另外，操作简便，省时省力，80米长、12米跨度的葫芦科蔬菜大棚，5分钟即可完成施药。

瓜类枯萎病终于有救了，用这几招搞定它

初春以来，河南、辽宁等地西瓜、黄瓜、甜瓜等瓜类枯萎病发生严重，发病植株多处在开花坐果期，植株叶片萎蔫下垂，最后枯死。瓜类枯萎病又称死秧、死藤、萎蔫病，露地和保护地栽培均可发生，是瓜类生产上重要的土传真菌病害，常引起瓜秧枯萎死亡。

瓜类枯萎病发病范围广、易于流行且难以防治，随着瓜类栽培面积逐年增加，栽培种类单一、轮作倒茬困难、作物根区土壤微生物失衡，使得枯萎病发生越来越普遍，为害越来越严重，严重影响西瓜的产量和品质，一般减产15%～25%，严重时达50%以上，给瓜农造成巨大的经济损失。

1 发病症状

瓜类枯萎病从苗期到成株期的全生育期均可发生，以开花坐果期发病最重，常引起瓜秧枯萎死亡。苗期发病时，子叶及幼叶出现失水状，并变黄萎蔫，茎基部变褐呈水渍状缢缩，严重时猝倒死亡。开花期发病，初期可见叶片由基部向顶部逐渐萎蔫，晴天中午更为明显，早晚萎蔫症状可以有所减轻或恢复，叶面不产生病斑（彩图1），数日后，叶片萎蔫下垂，严重时叶片干枯，整株死亡（彩图2）。发病植株茎基部表现缢缩，表皮粗糙、纵裂，将其病部纵切，可见维管束呈黄褐色，根部变褐腐烂（彩图3）。在潮湿的环境条件下，病部还可产生白色或粉红色霉状物。

彩图1 甜瓜枯萎病发病初期

彩图3　茎基部缢缩

彩图2　西瓜枯萎病整株死亡

2　瓜类枯萎病病原鉴定

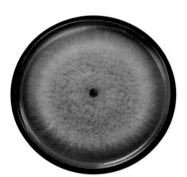

通过培养性状及显微形态确定，引起西瓜枯萎病的病原为尖孢镰孢菌（*Fusarium oxysporum* Schltdl.），属于无性型真菌丛梗孢目镰孢菌属。病原菌在PDA平板上菌落呈绒毛状或棉絮状，菌丝稠密，颜色为粉色或白色（彩图4）。可产生三种类型的孢子，其中小型分生孢子无色，单胞，卵圆形或肾形；大型分生孢子无色，纺锤形或镰刀形，1～5个隔膜，以3个居多，一般其顶端细胞较长，且逐渐变尖，基部倒圆锥截形（彩图5）；厚垣孢子浅黄色，圆形，顶生或间生（彩图6）。

彩图4　菌落形态

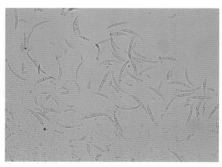

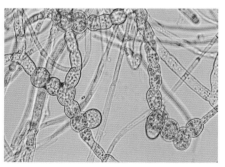

彩图5　大型分生孢子和小型分生孢子显微形态

彩图6　厚垣孢子显微形态

3 瓜类枯萎病为何如此难缠

3.1 病原菌来源广泛，传播途径多样

尖孢镰孢菌以菌丝体、厚垣孢子或菌核在土壤中及病残体上越冬。病菌可在土中存活5~6年，病种、病肥、土壤带菌是病害的初侵染源。病菌从根部伤口侵入，并向上扩展，后在病部产生分生孢子，借雨水、灌溉水及农事操作传播蔓延进行再侵染。

3.2 棚室条件利于病菌侵染传播

高温高湿利于病原菌孢子的萌发和菌丝生长。尖孢镰孢菌侵染的适宜温度为26~30℃，土壤潮湿时以及久雨后遇干旱天气或时雨时晴容易发病。此外，浇水次数过多，水量大或排水不及时，也利于枯萎病的发生。

3.3 不当的栽培措施

长期连作导致病原菌在土壤中大量累积，是造成枯萎病连年发生且日益严重的主要原因；其次，氮肥过多及酸性土壤不利于黄瓜生长而利于病菌活动，地下害虫和根结线虫多也是诱发病害发生严重的重要因素；加上未及时对田间病残体进行销毁，导致二次侵染传播，造成枯萎病严重暴发。

3.4 苗期根系受寒

据调查发现，春季温室定植较早的瓜类，发病比较严重；而定植稍晚些的植株，发病较轻。分析原因认为，可能是定植较早的瓜类，定植后苗期遇到低温，地温低，瓜苗根系受到寒害，导致根系受伤或发育不良，根系抗病能力差，枯萎病菌从伤口或根毛侵入。枯萎病菌在苗期侵染后，尚不能表现出症状，潜伏在植株维管束或导管内，不断侵染，在合适的时机症状开始出现。这种症状在开花坐果期，植株整体抵抗力开始下降时，表现尤为突出。而定植稍晚些的植株，根系未受寒气干扰或影响较小，抗病能力强，枯萎病则发生概率较低。

4 如何全面防控瓜类枯萎病？

4.1 嫁接防治

黄瓜枯萎病病原菌的高度专化性使该菌对其他瓜类具有轻度侵染或不侵染的特性，所以选用抗病砧木能够有效避免黄瓜枯萎病菌的侵染，降低枯萎病的发生率。常用嫁接砧木品种有白籽南瓜、黑籽南瓜等。

4.2 控好苗期温度

春茬种植，农户往往为提早上市时间，播种或定植较早。这时需要注意的就是瓜类播种或定植后棚室温度的管理，特别是甜瓜。甜瓜为喜温作物，种子发芽最低温15℃，适温25~35℃；根系生长最低温8℃，适温20~34℃。

播种或定植后，及时关注天气预报，保证种子出芽或根系生长的温度。倒春寒来临时，临时采用加温措施，避免寒害。

4.3 养护根系

种子出苗或定植后，加强管理。对于定植栽培的瓜类作物，在浇定植水和缓苗水时，配合浇海藻肥、菌肥等生根肥料，促进根系发生和生长。对于直播的瓜类作物，适当中耕，提高土壤透气性，促进根系粗壮，浇水时可配合使用生根肥料，促进根系强壮。

4.4 轮作、倒茬

重病田连续种植非寄主作物如辣椒、玉米、大豆等，与非瓜类蔬菜实行6～7年轮作，可显著降低枯萎病的发生率。

4.5 土壤消毒

对于多年种植的老棚区，若枯萎病发生严重，则需在6～9月夏季高温天气进行土壤消毒，可以选用42%威百亩水剂，施用量为15～20千克/亩，或石灰氮60～80千克/亩等土壤熏蒸剂，结合高温闷棚，彻底杀灭土壤中的病原菌（彩图7）。

彩图7 土壤消毒防治瓜类枯萎病

4.6 定点防治可使防控事半功倍

定点防治技术主要针对土传病原菌，采用无纺布袋或纸钵基质移栽的方式，将作物幼苗与田间土壤隔离。带袋定植，无伤根现象，定植后缓苗快，苗齐苗壮，配合生防菌剂使用，保护定植苗免受土壤中病原菌侵染，对于预防生长前期和中期的枯萎病效果较好（彩图8）。

4.7 科学用药防治

（1）定植前蘸根预防 对于育苗定植的瓜类，可在定植前用50%多菌灵可湿性粉剂600倍液蘸根处理，能够有效降低枯萎病的发生。

（2）预防用药 定植缓苗后采用生物农药进行灌根预防，可以使用10亿cfu/克解淀粉芽孢杆菌可湿性粉剂1 000～1 500倍液，或80亿孢子/毫升地衣芽孢杆菌水剂500～700倍液进行灌根预防，每株灌200毫升。

彩图8　定点防治瓜类枯萎病

（3）发病后治疗　田间出现枯萎病株，应及时拔除烧毁，并对病穴及周围植株用15%咯菌·噁霉灵可湿性粉剂300～400倍液，或50%多菌灵可湿性粉剂1 000～1 500倍液，或25%咪鲜胺乳油1 000～1 500倍液，或50%甲基硫菌灵悬浮剂1 500倍液，或40%五硝·多菌灵可湿性粉剂800倍液，或68%噁霉·福美双可湿性粉剂1 000倍液灌根防治，每株200毫升，施药时要将植株根部及周围土壤都均匀喷洒。

嫁接黄瓜根颈部为啥腐烂？全解析来了

　　嫁接黄瓜栽培技术在我国应用已有30多年的历史，主要选用南瓜作为嫁接用砧木。南瓜根系发达，吸肥能力强，生长旺盛，嫁接后黄瓜生育期延长，栽培易获得高产，而且嫁接黄瓜与非嫁接黄瓜品质差异不大。由于引起黄瓜枯萎病的病原菌为尖孢镰孢菌黄瓜专化型（*Fusarium oxysporum* f. sp. *cucumerinum* Owen），此病原菌只对黄瓜表现出专化致病性，而对南瓜、瓠瓜等瓜类不具有致病性。因此，应用南瓜作为砧木嫁接黄瓜可较好地防治黄瓜枯萎病。目前，该技术已作为一种成熟的提高黄瓜产量与防治黄瓜枯萎病的技术手段，在我国各地的黄瓜产区广泛应用。在我国温室黄瓜栽培中，现有90%以上是采用嫁接栽培的。

1　嫁接黄瓜死秧发生情况

　　近年来，在我国辽宁、山东、内蒙古、山西、江苏等地的嫁接黄瓜栽培中出现了一种新现象，即使在栽培中采用嫁接技术，植株仍然会出现死秧。在笔者调查的辽宁省凌源市三十家子乡北街村的30个温室中，嫁接黄瓜发生死秧情况的占10%～40%。

2 发病症状

发病部位均为黄瓜嫁接口处，嫁接砧木为南瓜。在茎基部与土壤相接处呈现水渍状褐色病斑，局部萎蔫，严重发病植株并未枯萎而直接倒伏，扒开基质可见根颈部发病较严重，根部受害并不重。

嫁接黄瓜发病后，茎基部为棕褐色（彩图1），呈水渍状，茎秆缢缩，后期黄瓜茎秆干枯、开裂（彩图2），部分植株在茎部溢出暗红色胶状物质，维管束发褐，湿度大时有白色霉层，最后植株整株萎蔫死亡（彩图3）。鉴于此，笔者对发病植株进行采集，通过对发病植株进行病原菌分离、鉴定与致病性实验，明确了引起嫁接黄瓜死秧的原因。

彩图1　被害植株茎基部棕褐色

彩图2　被害植株茎秆干枯、开裂

彩图3　植株萎蔫死亡

3 引起嫁接黄瓜死秧的病害鉴定

通过对分离得到的病原菌进行致病性实验、形态学及分子生物学鉴定，为茄病镰孢菌瓜类专化型（*Fusarium solani* f. sp. *cucurbitae*），发病症状为根颈腐烂，将该病害定名为嫁接黄瓜根颈腐病。

病原菌菌落（彩图4、彩图5）薄绒状，气生菌丝较少，白色至浅灰色，菌落背面中心呈褐色。小型分生孢子数量多，假头状着生，卵形或肾形，大小为（6～14）微米×（2.5～3.5）微米；大型分生孢子（彩图6）马特形，两端较钝，顶胞稍弯，多数3～5个隔膜，大小为（22～63）微米×（3.2～5.0）微米。厚垣孢子球形，顶生或串生。产孢细胞较长，长筒形，单瓶梗（彩图7）。

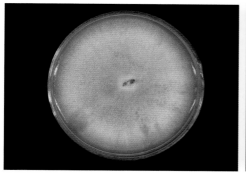

彩图4　茄病镰孢菌菌落（白色至浅灰色）

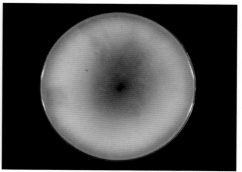

彩图5　茄病镰孢菌菌落背面中心褐色

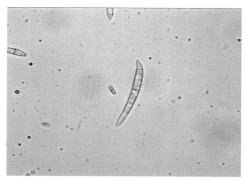

彩图6　茄病镰孢菌大型分生孢子

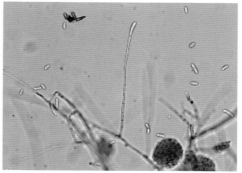

彩图7　茄病镰孢菌产孢细胞

4　茄病镰孢菌瓜类专化型国外研究进展

茄病镰孢菌瓜类专化型（*Fusarium solani* f. sp. *cucurbitae*）在国外有着大量的研究报道。该菌包括2个生理小种，主要通过它们对植株的不同组织部位的致病性差异来区分，生理小种1可以侵染植株的茎基、根及果实，引起茎基、根及果实腐烂，而生理小种2只侵染果实引起果实腐烂。

在田间，茄病镰孢菌瓜类专化型通常只侵染不同品种的南瓜，并未在西瓜及甜瓜上造成为害，而在实验室接种情况下，该病原菌可以对许多瓜类具有致病性，包括黄瓜、西瓜、甜瓜、南瓜，而对番茄、烟草、菜豆、甜椒和茄子则不具有致病性。

在病原菌侵染途径方面，茄病镰孢菌瓜类专化型与尖孢镰孢菌黄瓜专化型（*Fusarium oxysporum* f. sp. *cucumerinum*）不同，尖孢镰孢菌黄瓜专化型可在发病黄瓜植株维管束中存在，造成整株的系统侵染，而茄病镰孢菌瓜类专化型不会在植株中造成系统侵染。

5　发病原因

病菌以菌丝体或厚垣孢子在土壤、病残体或未腐熟的粪肥中越冬，并且在土壤中存活时间较长。嫁接黄瓜发生枯萎病，一方面是由于覆土较高，接近嫁接口，病原菌从嫁接口侵染，导致枯萎病的发生；另一方面是因为雨水、灌溉水飞溅，病原菌通过该媒介进行传播和侵染。

6　防治建议

嫁接栽培技术拥有着诸多优点，然而目前国内外均未有抗茄病镰孢菌瓜类专化型砧木品种的报道。生产上可通过农业防治与化学防治相结合进行综合防治。

6.1　种子和土壤处理

在播种前对嫁接砧木的种子及土壤进行消毒，可以杀死种子与土壤中存活的病原菌，预防病害发生。

6.2　覆土

覆土要浅，嫁接口与土壤距离尽量大，保证土壤不接触嫁接口。

6.3　膜下滴灌

嫁接黄瓜栽培采用膜下滴灌，防止水花飞溅，防止土壤中病原菌侵染嫁接口。

6.4　化学防治

植株发病前可以使用5亿cfu/克多粘类芽孢杆菌KN-03 500～800倍液进行灌根处理，或10亿cfu/克解淀粉芽孢杆菌可湿性粉剂2 000～3 000倍液灌根，进行病害预防。植株发病初期可选用50%多菌灵可湿性粉剂700倍液，或3%甲霜·噁霉灵水剂700倍液，或68%噁霉·福美双可湿性粉剂900倍液，或62.5克/升精甲·咯菌腈悬浮种衣剂2 000～3 000倍液，对嫁接口进行喷淋防治结合地表灌根，7～10天施药1次，连施3次。也可以用以上药剂对嫁接口进行涂抹预防，视病情及时调整药剂稀释倍数。

如何防控瓜类细菌性果斑病？点这里看干货

瓜类细菌性果斑病（Bacterial fruit blotch of melon，简称 BFB）是一种国际性的检疫性病害，主要为害西瓜、甜瓜、南瓜、西葫芦等葫芦科作物，此外，该病原菌还可侵染番茄、胡椒和茄子等作物。近年来，随着瓜类作物种植面积的增加，瓜类细菌性果斑病发病日趋严重，在美国、澳大利亚、中国、哥斯达黎加、巴西、印度尼西亚、土耳其等国均大面积暴发，给这些地区的瓜类生产造成了毁灭性的影响。瓜类细菌性果斑病主要为害瓜类作物的幼苗和果实，高温多雨潮湿的年份发病较为严重，一般田块发病率在45%～75%，严重时高达100%，该病的发生严重为害了瓜类产业的健康发展。

瓜类细菌性果斑病最早发现于1965年美国佛罗里达州西瓜生产田。从20世纪80年代起，我国就有果斑病为害的报道。之后在我国陕西、河北、山西、海南、内蒙古、新疆、福建、湖南、山东、广东等多个省、自治区相继发生。2000年内蒙古巴彦淖尔市厚皮甜瓜细菌性果斑病大规模发生，平均减产46%，商品瓜率仅为1/3；2002年冬季海南省西瓜育苗场中由BFB造成的毁苗率也高达30%～80%，给瓜农造成严重的经济损失。由于该病具有发病迅速、传播速度快、暴发性强等特点，使得其已成为影响我国瓜类生产的主要病害之一。因此，掌握瓜类细菌性果斑病的发生规律和防治技术对于控制该病的大规模发生，具有十分重要的意义。

1 田间发病症状

瓜类细菌性果斑病从苗期至成株期均可发病，病菌可为害叶片、茎及果实。

1.1 幼苗症状

瓜类幼苗感病，子叶叶尖和叶缘先发病，出现水渍状小斑点（彩图1），并逐渐向子叶基部扩展形成条形或不规则形暗绿色水浸状病斑。随后感染真叶，真叶受害初期出现水浸状小斑点，病斑扩大时受叶脉的限制呈多角形、条形或不规则形暗绿色病斑（彩图2），后期转为褐色，下陷干枯，形

彩图1 子叶发病产生水渍状斑点

成不明显的褐色小斑，周围有黄色晕圈，病斑通常沿叶脉发展，对植株的直接影响不大，但却是果实感病的重要病菌来源。条件适宜时，子叶病斑可扩展到嫩茎，引起茎基部腐烂，使整株幼苗坏死（彩图3）。种子带菌的瓜苗在发病后1～3周即死亡。

彩图2　真叶感病出现水渍状不规则病斑

彩图3　发病后期甜瓜幼苗倒伏

1.2　成株期症状

植株生长中期，叶片病斑多为浅褐色至深褐色，圆形至多角形，周围有黄色晕圈，沿叶脉分布（彩图4），后期病斑中间变薄，病斑干枯（彩图5），严重时多个病斑连在一起。有时病原菌自叶片边缘侵入，可形成近V形病斑（彩图6），通常不导致落叶。茎基部发病初期呈水浸状并伴有开裂现象（彩图7），严重时导致植株萎蔫（彩图8）。

彩图4　病斑沿叶脉扩展

彩图5　甜瓜叶片受害严重形成干枯斑

彩图6　真叶边缘形成近V形病斑

彩图7　甜瓜茎基部呈水渍状并伴有开裂

彩图8　甜瓜茎基部发病引起植株萎蔫

1.3　果实症状

　　首先在果实表面出现水渍状斑点，初期较小，直径仅为几十毫米，随后迅速扩展，形成边缘不规则的深绿色水渍状病斑（彩图9）。几天内，这些坏死病斑便可扩展并覆盖整个果实表面（彩图10），初期这些坏死病斑不延伸至果肉中，后期受损中心部变成褐色并开裂，果实上常见到白色的细菌分泌物或渗出物并伴随着其他杂菌侵染（彩图11），最终整个果实腐烂，严重影响果实产量（彩图12）。

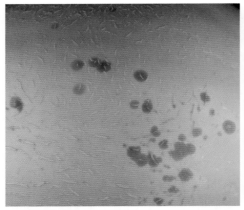

彩图9　果实表层形成深绿色水渍状病斑　　　彩图10　病斑扩展至整个果实表面

彩图11　后期果实开裂并伴有杂菌侵染

彩图12　瓜田严重受害状

2　病原菌

瓜类细菌性果斑病，又称细菌性果腐病，病原菌为燕麦嗜酸菌西瓜亚种（*Acidovorax avenae* subsp. *citrulli*），最早在美国发病西瓜幼苗子叶上分离得到。其形态学和生理生化特征与假产碱假单胞菌（*Pseudomonas pseudoalcaligenes*）相似，但它可以侵染西瓜、甜瓜、黄瓜和南瓜。因此，被命名为类产碱假单胞菌西瓜亚种（*Pseudomonas pseudoalcaligenes* subsp. *citrulli*）。随着对该病原菌形态学及分子生物学方面的深入研究，1992 年该病菌被正式改名为燕麦嗜酸菌西瓜亚种（*Acidovorax avenae* subsp. *citrulli*）。

燕麦嗜酸菌西瓜亚种属革兰氏阴性菌，菌体短杆状，大小为（2 ~ 3）微

米 × （0.5 ～ 10.0）微米；有1根极生鞭毛，鞭毛长4 ～ 5微米；无芽孢，严格好氧，不产生荧光和其他色素，不产生精氨酸水解酶，明胶液化力弱，氧化酶和2-酮葡糖酸试验阳性。在KB培养基上28℃培养2天，菌落乳白色、圆形、光滑、全缘、隆起、不透明（彩图13），菌落直径1 ～ 2毫米，无黄绿色荧光，对光观察菌落周围有透明圈。

彩图13　病原菌在KB培养基中的培养性状

3　发生规律

3.1　初侵染来源

（1）种子带菌　病原菌可以附着在种子表面，也可以侵入种子内部组织，带菌种子采用选择性培养基平板法检测，种皮和种胚均可以检测到病原菌（彩图14）。种子发芽后，病原菌可以侵染子叶和真叶，成为果实感病的重要再侵染源。育苗温室内80%以上的幼苗感病是源于带菌种子。

彩图14　燕麦嗜酸菌在选择性培养基上菌落形态

（2）自生苗和野生寄主　病原菌可以在田间自生瓜苗、野生葫芦科作物，以及其他作物植株或病残体上越冬，成为翌年病害发生流行的初侵染源。适宜条件下，病原菌能迅速繁殖、传播。田间及周围带菌杂草也是该病的初侵染源之一。

（3）土壤中病残体　在田间情况下，瓜类细菌性果斑病菌可随病残体在土壤中越冬，在植物病残体上存活时间可长达2年。因此，带菌病残体也是该病在田间的初侵染源之一。

3.2　传播途径

瓜类细菌性果斑病菌可通过组织自然孔口及伤口侵入，果实感病大多是在坐果后1 ～ 3周的幼果期。自然条件下，病原菌主要是通过带菌种子进行远距离传播。此外，病原菌还可借风、雨水、灌溉水和昆虫传播；带菌砧木、污染的刀具和器皿及农事操作人员的手套、衣物及鞋子等也可以造成该病原菌在田间的近距离传播。

（1）种子传播　瓜类细菌性果斑病是典型的种传病害，带菌种子储存38

年后，病菌依然具有侵染能力。目前，市场上瓜类种子带菌率较高，而随着瓜类育种产业的发展，带菌种子、种苗以及移栽苗在世界范围内调运，带菌种子传播已成为瓜类细菌性果斑病的重要传播途径之一。

（2）嫁接传播　瓜类嫁接通常使用葫芦科作物作为砧木，而细菌性果斑病病原菌可以侵染多数的葫芦科作物。带菌砧木进行嫁接可导致嫁接苗染病，病害随着嫁接苗的移栽向其他健康田块传播蔓延。近年来，随着嫁接技术大规模的推广应用和嫁接苗的市场化，带菌嫁接苗已成为细菌性果斑病传播的新途径。2009—2010年，通过广泛的病样采集结合全国寄样免费病害诊断活动，笔者共收集到来自湖北、山东、河北、北京、陕西、黑龙江等地的细菌性果斑病标本103份，其中有41份是由砧木带菌引起的。

（3）雨水和灌溉水传播　雨水充沛的年份和地区，病原菌随着雨水的地表径流以及雨滴飞溅传播到其他寄主，从伤口或自然孔口侵入进行侵染。果实发病后，病原菌在病部大量繁殖，通过雨水或灌溉水向四周扩展进行多次重复侵染。

（4）农事操作传播　田间种植过密，植株生长过旺，使得植株间由于接触摩擦造成伤口，增加了病原菌的侵染机会。湿度大时叶面结露和清晨叶缘吐水，病原菌的菌脓聚集在叶缘水孔处，黏附在农事操作人员的衣物及农机具上，随操作人员走动进行传播，使得病原菌从有病株传播到无病株，或从带菌田块传播到健康田块，从而造成病原菌在田间传播蔓延。同时，不恰当的农事操作也会造成病原菌在田间进一步传播，如田间病残及杂草未及时清除或清除后仍然堆放于田块周围，没及时进行焚烧与深埋等处理，进一步增加了该病原菌传播与侵染的机会。

（5）昆虫传播　田间昆虫取食感染瓜类细菌性果斑病的植株或果实组织后，再次取食时，可将该病原菌传播至其他健康植株。此外，昆虫取食时在作物叶片上造成伤口，为病原菌的侵染创造了有利条件。

3.3　田间发生特点

细菌性果斑病在温暖、潮湿的环境中易暴发流行，特别是炎热季节伴随暴风雨的条件，有利于病原菌的繁殖和传播，病害发生严重；地势低洼、排水不良及连作、种植过密、管理粗放、虫害发生严重的田块发病较重。

气温高、下午出现雷阵雨的天气里，叶片、果实上的病害症状发展、蔓延最快。环境条件适宜时，一块田地的几个侵染点可以最终导致收获期时100%的果实染病。在凉爽、阴雨气候条件下，病害一般不会明显发展，通常叶部发病症状不明显，种植者难以识别。大风大雨及大雾结露都容易造成田间病害大流行，只要田间最初有10%的植株发病，其菌量就足够使整块田发病。

4 综合防治技术

4.1 抗病品种

目前还没有培育出有效的商业化抗病品种。不同品种和类型的瓜类作物间抗病性差异不明显，只存在具有一定程度耐病性的品种，且果皮颜色浅（浅绿色）较颜色深（墨绿色）的品种易感病，较耐病瓜类品种果皮多为单一深绿色。此外，三倍体西瓜较二倍体西瓜抗病。

4.2 种子处理

播前进行种子处理，可以有效降低种子带菌率。常用处理方法包括：用1%盐酸漂洗种子15分钟，或用15%过氧乙酸200倍液处理30分钟，或用30%双氧水100倍液浸种30分钟。药剂处理后，要用清水反复冲洗，再催芽或播种。

4.3 农业防治

（1）选择无病留种田　选择无果斑病发生的地区作为制种基地，并采取严格隔离措施，以防止病原菌感染种子。

（2）苗床消毒　育苗应选择通风干燥的场地，播种前可进行土壤消毒。此外，在不同田块劳作时，要做好操作人员和工具的消毒工作。

（3）加强田间管理　避免种植过密、植株徒长，合理整枝，减少伤口；平整地势，改善田间灌溉系统，合理灌溉并及时排除田间积水。彻底清除田间杂草，及时清除病株及疑似病株并销毁深埋。尽量选择植株上露水已干及天气干燥时进行田间农事操作，减少病原菌的人为传播。应与非葫芦科作物实行3年以上轮作。

4.4 药剂防治

目前，瓜类细菌性果斑病的防治药剂以抗生素类和铜制剂为主。

（1）生物农药　中生菌素可以有效抑制瓜类细菌性果斑病的发生和蔓延。发病初期，用3%中生菌素可湿性粉剂500倍液进行叶面喷施，或用10亿cfu/克多粘类芽孢杆菌600～800倍液，每隔3天喷施1次，连续喷施2～3次。

（2）化学农药　发病初期叶片喷施77%氢氧化铜可湿性粉剂1 500倍液，每隔7天喷施1次，连续2～3次，可有效控制病害的发生和传播。但开花期不能使用，否则影响坐果率，同时药剂浓度过高容易造成药害。作为预防可以每两周喷施1次，使用浓度为正常用量的一半或正常用量。此外，还可选用20%异氰尿酸钠可湿性粉剂700～1 000倍液，或50%琥胶肥酸铜（DT）可湿性粉剂500～700倍液，整株喷雾防治效果也较明显。田间施药时铜制剂与其他药剂尽量轮换使用，既可提高药剂使用效果，又可降低抗药性。甜瓜对药剂比较敏感，应用前应先做小范围实验，确保安全性没问题后再大面积应用。

4.5　其他防治措施

苯并噻二唑（BTH）作为植物生长诱抗剂，可以提高植株自身的免疫和抗病能力。从出苗后1周开始 直至生长期结束，每隔7天喷施1次50% BTH水分散粒剂，每公顷用药量为有效成分17～35克，可以显著降低病害的发生。

目前，瓜类细菌性果斑病的防治应以预防为主，通过种子处理与田间预防用药结合，可有效地控制病原菌的传播和发展。在此基础上，还需要农业防治与药剂防治相结合，做到综合治理，才能达到最好的防治效果。

黄瓜细菌性流胶病为什么难防？看看专家怎么说

2014—2016年，我国多地，例如河南扶沟、辽宁凌源、山东潍坊、山西晋中等黄瓜主产区暴发大面积的黄瓜细菌性病害，黄瓜病茎和果实上出现流脓现象，后期茎、果腐烂，整株死亡，统称为黄瓜细菌性流胶病。该病害无论是在保护地还是在露地栽培中发生都比较严重，且一旦发生会导致黄瓜严重减产甚至绝收。笔者团队进行了田间实地调研、采样、病原菌分离鉴定，并对病害的传播规律以及防治方法进行了初步研究，记述如下，希望对病害的防控有帮助。

1　黄瓜细菌性流胶病田间发病症状

田间调查发现，黄瓜果实、茎秆、叶片均有发病情况，其中果实发病较多。成株期果实发病，初期果实表面正常，中后期果实表面流出白色至浅黄褐色的脓状物（彩图1），切开果实其内部组织已变褐腐烂，或呈开裂状（彩图2）。茎秆发病初期，发病部位呈水渍状，有流胶现象（彩图3），湿度大时可见大量白色至浅黄色的菌脓溢出（彩图4），干燥后发病部位有白痕；发病中期茎秆纵向开裂腐烂（彩图5），表现为软腐症状，发病后期整株萎蔫（彩图6）。叶片感病通常从边缘开始发病，形成V形病斑或不规则形的病斑，病斑周围有黄色晕圈（彩图7）。有时也从叶片中部开始发病，叶片褪绿腐烂，病斑呈水渍状，形状不规则（彩图8、彩图9），后期整个叶片表现腐烂症状（彩图10）。有时叶片病斑较小，或进一步发展形成近圆形或不规则形病斑，病斑淡黄色，边缘褪绿，后期随着病情扩展病斑形成受叶脉限制的多角形斑（彩图11），此种症状与传统的黄瓜细菌性角斑病症状一致，一些黄瓜品种在后期干燥时易造成病斑穿孔（彩图12）。此外，病斑还可沿叶脉发展，叶脉周围褪绿变黄（彩图13），湿度大时背面有白色至浅黄色菌脓流出（彩图14）。

彩图1　黄瓜果实表面流出白色菌脓

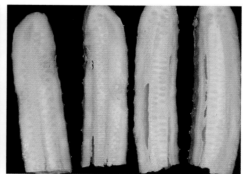

彩图2　黄瓜果实内部腐烂变褐

彩图3　黄瓜茎部流出白色菌脓

彩图4　发病部位后期流出大量菌脓

彩图5　发病中期茎部腐烂开裂

彩图6　发病后期整株萎蔫

彩图7　叶片背面病斑呈"V"形发展

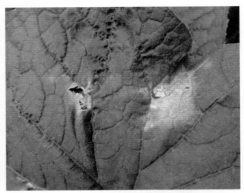

彩图8　叶片中部发病，形成不规则形病斑

彩图9　叶片表现出褪绿腐烂症状

彩图10　整个叶片表现腐烂症状

彩图11　病斑受叶脉限制呈多角状

彩图12　部分品种病斑后期穿孔

彩图13　叶脉发病褪绿变黄　　　　　彩图14　叶脉发病溢出菌脓

2　黄瓜细菌性流胶病的病原菌

笔者团队分别从河南、辽宁、山东、山西等地采集的黄瓜细菌性流胶病的病样中分离出108株具有致病性的菌株。经过柯赫氏法则验证，形态学、生理生化以及分子生物学检测，确定引起黄瓜细菌性流胶病的病原菌主要为两种病原菌：一种为丁香假单胞流泪致病变种（*Pseudomonas syringae* pv. *lachrymans*），该病原菌主要分离来自河南扶沟、辽宁凌源和山东潍坊等地，占总分离数的64.8%；另一种为胡萝卜果胶杆菌巴西亚种（*Pectobacterium carotovorum* subsp. *brasiliense*），该病原菌主要分离来自山西晋中和山东潍坊等地，占总分离数的35.2%。

丁香假单胞流泪致病变种属假单胞菌，菌体呈短杆状，具有1～5根单极生鞭毛，有荚膜，无芽孢，属于革兰氏阴性细菌。病原菌的存活温度范围为4～39℃，最适生长温度为24～28℃，致死温度48～50℃，10分钟，最适生长pH为6～8。在NA培养基上培养36～48小时可以观察到细菌的菌落呈圆形，较小，表面光滑，边缘整齐，半透明（彩图15）。胡萝卜果胶杆菌巴西亚种属果胶杆菌属，寄主范围较为广泛，种和亚种的分类单元极为复杂。该病原菌为果胶杆菌属，菌体呈棒状，具有1～2根单极生鞭毛，无芽孢，属于革兰氏阴性细菌。病原菌的最适生长温度在24～28℃，最适生长pH为6～8。在NA培养基上培养36～48小时可以观察到细菌的单菌落呈圆形或椭圆形，土黄色或灰色，边缘光滑，表面略向下凹陷，有臭味（彩图16）。

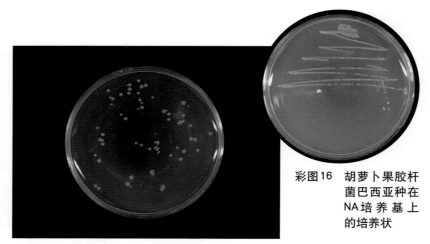

彩图16 胡萝卜果胶杆菌巴西亚种在NA培养基上的培养状

彩图15 丁香假单胞流泪致病变种在NA培养基上的培养状

3　黄瓜细菌性流胶病的发生规律

3.1　初侵染源

种子为该病的重要初侵染来源。病原细菌可以在种子内外越冬，病原菌侵入寄主组织后进入胚乳或胚根的外表皮，造成种子内部带菌。在采收病瓜时接触污染的种子或从病瓜中收集种子，可以使种子表面带菌。一般种子的带菌率低于1%，但在苗床比较潮湿的情况下，较少量的带菌种子可以使大量的幼苗染病。病菌在种子萌发时侵害子叶，引起幼苗发病。病害发生较为严重的地区种植的黄瓜苗多为自家育苗，没有对黄瓜种子进行消毒处理，为病害暴发创造了条件。此外，病原菌也可随病残体遗落在土壤中越冬或在非寄主作物上越冬，成为翌年的初侵染源。

3.2　传播途径

病原菌主要是通过伤口、气孔或水孔侵入到寄主组织内部，并随着雨水、灌溉水、昆虫等进行近距离传播。自然条件下，带菌种苗的调运可造成病害的远距离传播，近距离主要是靠雨水飞溅、灌溉水、整枝打杈进行蔓延，工作人员的农事操作可以造成在田间进行近距离传播。空气潮湿时，病叶、病果、病茎上会有菌脓溢出，当遇到雨天或进行灌溉时，病原菌会随雨水或灌溉水从发病植株传播到健康植株，并通过气孔、水孔或伤口侵入引起再侵染。近期研究结果表明，气溶胶是传播黄瓜细菌性流胶病的重要途径，发病初期的黄瓜植株是病原菌气溶胶的主要来源（彩图17）。

此外，昆虫取食病组织后，病原菌会黏附在昆虫的口针、躯体或四肢上，当再次取食时，会将病原菌带到健康植株叶片上，并通过伤口或其他自然孔口进行侵染。进行农事操作时，病原菌会黏附在操作人员的手、衣物及鞋子、操作工具上，会随着操作人员的整枝打杈等进行传播。

彩图17 黄瓜大棚中气溶胶采集图

3.3 田间发生条件

（1）环境因素 湿度是影响该病害发展的主要环境因素。温室或大棚相对湿度80%以上，叶片上有水滴可以加快病情的发展；茎部引起的湿腐症状也与空气湿度相关，空气湿度越高病情发展越快，病原菌通过破坏和堵塞茎部发病部位的导管，影响水分的运输，造成植物萎蔫。此外，温度22～30℃、光照不足也有利于病害的发展。连续阴天、棚内湿度大、温度适宜是该病原菌发展最有利的环境条件。温度低于15℃或高于35℃时，不利于病害发生。

（2）栽培措施不当 该病原细菌多从伤口侵入。黄瓜种植过程中，定植、绕蔓、打叶、打杈、剪须、摘瓜以及农事操作均易对黄瓜植株造成伤口，形成病原菌侵染的传播途径，加速病害的整体发展。

4 黄瓜细菌性流胶病的防治措施

黄瓜细菌性流胶病的传播速度极快，为害非常严重。在合适的温度和湿度条件下，该病原菌会快速传播造成大规模的病害暴发和流行。目前对该病害的主要防治手段应以预防为主，在发病的前期或发病初期做好预防工作，同时加强栽培管理，结合生态防治和化学药剂防治等综合防治手段，对病害的控制会起到较好的效果。

4.1 保证繁种田的种子安全

不同品种田间发病情况差异较大，同一温室内不同品种之间发病情况也具有显著差异，细菌性流胶病大规模暴发的初侵染源主要是种子带菌。因此，要加强控制繁种田的清洁卫生，保证繁种田无病原菌残留，防止交叉侵染；选择无病瓜进行留种，用无病土进行育苗；采取严格隔离措施，防止病原菌感染种子。

4.2 种子处理

由于种子可能是导致该病害发生的初侵染源，因此在育苗之前对种子进行处理可以有效降低苗期发病的风险。

（1）种子表面消毒　可以使用0.5%的次氯酸钠浸泡种子20分钟，再清洗干净。该方法既可以有效杀死种子表面的病原菌，又不会影响种子的出芽率。

（2）种子内部消毒　对于种子内部的病原菌可以采取干热灭菌的方法进行消毒处理。考虑到干热灭菌的方法可能在一定程度上降低种子活力，建议对不同来源的种子进行小规模的试验，然后再进行推广应用。

4.3　田间管理

由于较高的湿度会加速病害的传播，而早上的大棚湿度较高，因此尽量避免在清晨叶片湿度较大、露水较多时进行整枝打杈、果实采摘等农事操作，防止病原菌随操作人员或操作工具进行传播。及时摘除病株下部老叶、黄叶、病叶等，清洁田园，保持大棚内清洁卫生；及时拔除病株和附近的植株，并对植株病残体进行集中清理，防止污染灌溉用水造成病害的二次污染。

4.4　栽培管理

选用地势干燥，通风排水良好，前茬未种植过瓜类、茄果类蔬菜的地块进行黄瓜栽培。采用地膜覆盖的栽培方式，及时排除积水，注意放风时间，严格控制大棚内空气湿度，避免空气湿度过高。建议采用滴灌的模式进行灌溉，该方法可有效降低室内湿度。此外，还应注意控制昼夜温差，减少利于病原菌繁衍和侵染的环境条件。

4.5　生态防治

通过控制白天和夜晚棚内的温差进而控制病害的发生。上午闭棚，将温度升高到28 ～ 34℃，但不超过35℃；中午放风，将温度降低到20 ～ 25℃，湿度降低到60% ～ 70%，保证叶片上无水滴；夜晚闭棚，温度降低到11 ～ 12℃，若夜间温度达到13℃以上，即可整晚放风。若无滴灌条件，浇水应当在晴天的早上进行，浇水后立即闷棚，保证棚内温度提高到35 ～ 40℃，维持1 ～ 2小时，然后放风降低空气湿度直到夜间。

4.6　药剂防治

发病前建议使用生物农药定期预防，可以使用80亿芽孢/克甲基营养型芽孢杆菌LW-6 600 ～ 800倍液，或10亿cfu/克解淀粉芽孢杆菌可湿性粉剂1 000 ～ 1 200倍液，或50亿cfu/克多粘类芽孢杆菌可湿性粉剂1 000 ～ 1 500倍液定期喷雾预防，用药间隔期10 ～ 15天。

发病初期可以使用3%中生菌素可湿性粉剂800 ～ 1 000倍液，或2%春雷霉素水剂600 ～ 800倍液，或30%噻唑锌悬浮剂800 ～ 1 000倍液，或27%春雷·溴菌腈可湿性粉剂800 ～ 1 000倍液，每隔5 ～ 7天喷施1次，连续使用3 ～ 4次，可以抑制病害的发生和发展。重病田根据病情，必要时还要增加喷药次数。

除此之外，发病初期也可选用0.3%四霉素水剂800～1500倍液，每隔7～10天喷1次，连续喷2～3次，并尽可能均匀喷到叶片的正、背面，防效较好。还可选用30%琥胶肥酸铜可湿性粉剂600～800倍液，或20%噻菌铜悬浮剂700倍液，或47%春雷·王铜可湿性粉剂600～800倍液，或77%氢氧化铜可湿性粉剂1000倍液等进行喷防。频繁使用铜制剂很容易造成植株抗药性的产生，因此在田间施药时铜制剂最好与其他药剂轮换使用，既提高药剂使用效果，又可以降低抗药性风险。

西葫芦茎基部出现腐烂，是什么原因造成的？怎样防控

软腐病是为害露地大白菜的重要病害，秋季和春季均有发生。笔者在调查中发现，近几年冬春季节，为害西葫芦茎基部的细菌病害在山东、山西、河北、北京、辽宁等地温室大棚内悄然发生，规模之大，影响范围之广，在冬季根部细菌性病害中较为少见。江苏、甘肃等地的菜农也寄样咨询该病（彩图1、彩图2）。

彩图1　江苏徐州读者寄样　　　　　彩图2　甘肃兰州读者寄样

1　西葫芦茎基软腐病为害症状

据调查，该病主要为害西葫芦的茎基部。发病初期，病菌从西葫芦茎基部的表皮或伤口侵入，在离地面3～5厘米的茎基部形成不规则水渍状褪绿斑（彩图3），逐渐扩大后呈黄褐色，中期病部纵向上下扩展，横向向内侵害，茎部开裂（彩图4），髓部也开始受害，茎基部凹陷软化腐烂，湿度大

时有黄色或白色的菌脓流出（彩图5），并伴有恶臭，茎基部一触即倒（彩图6、彩图7），后期随着病部扩展，植株萎蔫死亡（彩图8），病组织腐烂成麻状。

　　该病在植株长至10～12片叶时，在植株下部伤口处开始发生，发病速度快，两周内植株大量死亡，一般发病率10％～20％，严重的减产30％～60％，甚至全棚绝收。前期我国学者报道了西葫芦软腐病主要为害果实，但是近几年来软腐病也开始在西葫芦的茎基部发生，有加重的趋势。

彩图3　发病初期茎基部水渍状褪绿斑

彩图4　茎部开裂

彩图5　茎部出现白色菌脓

彩图6　茎部症状

彩图7　茎基部缢缩、腐烂　　　　　彩图8　植株萎蔫死亡

2　病原菌鉴定

对采集以及邮寄来的感病的西葫芦茎基部组织做切片，镜检，发现感病组织中有菌脓溢出，进一步用细菌的方法进行分离，在NA培养基平板上划线培养，28℃恒温箱培养48小时后检查，菌落灰白色，圆形或不定形，边缘整齐，有光泽，稍隆起，表面光滑，菌落直径2.2～3.1毫米。

经致病性实验、生理生化及分子生物学鉴定，病原菌为胡萝卜果胶杆菌胡萝卜亚种（*Pectobacterium carotovorum* subsp. *carotovorum*）。此菌菌体短杆状，大小（0.5～1.0）微米×（2.5～3.0）微米，周生鞭毛2～8根，无荚膜，不产生芽孢，革兰氏染色阴性。生长最适温度25～30℃，最高耐40℃，最低2℃，致死温度50℃经10分钟，最适pH 7.2，pH 5.3～9.2均可生长。

据报道，胡萝卜果胶杆菌胡萝卜亚种*Pectobacterium carotovorum* subsp. *carotovorum*的寄主范围很广，同时也是白菜类软腐病的病原菌，可侵染十字花科、葫芦科、茄科、百合科、伞形花科、菊科等多种蔬菜。

3　病原菌传播途径与病害发生原因

（1）病原细菌随病残体在土壤中越冬，翌年借雨水、灌溉水及昆虫传播，由伤口侵入。病菌侵入后分泌果胶酶溶解中胶层，导致细胞分崩离析，致细胞内水分外溢，引起腐烂。阴雨天或露水未干时整枝打杈或虫伤多，均可导致发病重。

（2）连作的重茬地土壤中残留病菌多，新播种之前未对土壤消毒，易发病。西葫芦的软腐病在茎基部发生，也是由于茎基部离地面较近，土壤中病菌浓度很高，首先侵染比较脆弱的茎基部的缘故。

（3）温室、大棚等保护地的平均温度较高，湿度大，土壤通气性不好，会促进发病，加之有些地方大水漫灌，人为加大了湿度，加速了病菌在温室内的蔓延和发病时间。

4 防治方法

西葫芦茎基软腐病是较难防治的细菌病害，在上一年发生过该病或多年连茬地区，应加强预防工作。

4.1 定植前栽培防病

（1）避免与白菜类蔬菜连茬 栽培西葫芦的地块，前茬最好是葱蒜类或茄果类蔬菜。另外，夏季要深翻地，争取长时间晒垡，促进病残体分解。

（2）高畦栽培或起垄栽培 这种方法排水良好、空气流通，能降低株间的湿度，有利于伤口愈合。灌水（尤其是沟灌）时，水里的软腐细菌不容易接触到西葫芦茎基部，从而避免侵染。有条件的地方采取膜下滴灌，严防大水漫灌。

（3）加大行距，缩小株距 行距由80厘米增至100厘米，株距由50厘米缩小到40厘米，这样有利于田间操作，避免人为造成植株伤害。同时整枝打杈应选择晴天的中午进行，将整掉的侧枝及病叶、老叶及时运出田园，保持田园清洁。

4.2 处理土壤

连作地定植前15～20天，采用石灰氮（氰氨化钙）—有机肥（牛粪、鸡粪等）—太阳能闷棚，进行土壤消毒。

4.3 定植时用药

定植时用100亿芽孢/克枯草芽孢杆菌可湿性粉剂1 000～1 200倍液灌根处理，缓苗后灌第2次，隔7天再灌1次，连灌2～3次。也可以在发病前定期使用40%噻唑锌悬浮剂800～1 000倍液，或3%中生菌素可湿性粉剂600～800倍液，沿茎基部喷淋灌根，间隔期7～10天，可以有效预防西葫芦茎软腐的发生。

4.4 定植后用药

病害的大发生，与人为发现不及时也有一定的关系，一旦发现病株要及时处理、隔离，严重的连根带土拔掉，并对病株周围的土壤进行消毒处理，以免病菌扩大蔓延的范围。

除继续用同上药剂灌根外，还可以涂抹防治，用3%中生菌素可湿性粉剂+50%琥胶肥酸铜可湿性粉剂（1：1）配成100～150倍稀粥状药液，涂抹水渍状病斑及病斑的四周（彩图9）。同时应及时防治虫害，减少伤口产生和促进伤口愈合。整个生育期主要防治粉虱、蚜虫的为害。追施化肥时要注意离根系有一定的距离，以免烧伤根系。保持供水均衡，避免土壤暴干暴湿，造成生理裂口。创造高低温交替、空气流通的条件，就可加速伤口愈合。

彩图9　用铜制剂涂抹防治

黄瓜感染"花叶"病毒，精准防控是关键

2016年10月初，山东部分地区栽培黄瓜叶片上出现轻微褪绿、顶叶微卷等症状，并伴有扩散的趋势。当地多认为该症状是由生理性缺素、细菌性病害或螨虫为害引起的，笔者团队对当地的黄瓜病叶进行检测，发现该病为黄瓜花叶病毒病，其病原为西瓜花叶病毒（*Watermelon mosaic virus*，WMV）和小西葫芦黄花叶病毒（*Zucchini yellow mosaic virus*，ZYMV）。

为区分易混淆症状，现将黄瓜花叶病毒病的田间发病症状、发生流行因素等总结如下，便于准确识别，及时防治。

1　发病症状

发病初期顶部叶片微微皱缩，叶面不平整，泛黄，且有较大黄斑（彩图1）；顶部叶片颜色深绿，伴有增厚并上卷现象（彩图2）。开花期叶片相间出现褪绿状泡状斑，明脉，小叶簇生现象（彩图3）。结瓜期黄瓜果实出现褪绿型不规则花纹，有时出现"弯瓜"（彩图4、彩图5）。

彩图1　顶叶皱缩

彩图2　顶叶皱缩、上卷、增厚

彩图3　顶叶出现花叶、泡状斑

彩图4　果实出现褪绿、不规则花纹　　　　　彩图5　"弯瓜"现象

2　RT-PCR分子检测

笔者团队对送来的黄瓜病样提取总RNA，经反转录试剂盒反转录后，用源于小西葫芦黄花叶病毒和西瓜花叶病毒的外壳蛋白基因序列设计的引物分别能扩增出约580bp和700bp左右的条带，初步表明当地的黄瓜复合感染了ZYMV和WMV。

ZYMV和WMV同属于马铃薯Y病毒科（Potyviridae）马铃薯Y病毒属（*Potyvirus*）的成员，为单链正义RNA病毒。WMV病毒粒体成线状，ZYMV病毒粒体成弯曲线状。

3　发病成因

3.1　种苗带毒
ZYMV和WMV均可通过种子、幼苗携带病毒，成为发病的初侵染源。

3.2　媒介传播
棚口的黄瓜发生相对严重，可能是周围杂草上携带病毒的蚜虫进入黄瓜棚中，导致棚口黄瓜首先感病。随后农事作业中频繁摩擦接触促进病毒在棚间扩散。WMV和ZYMV主要通过蚜虫以非持久性方式传播。

4　综合防控技术

4.1　选用抗病品种

研究表明，我国华北型黄瓜资源广泛具有ZYMV或者WMV的抗性，如中农8号、中农20和中农26等。

4.2　种子消毒处理

播种前对种子干热处理或用10%磷酸三钠溶液浸种10分钟，可有效预防黄瓜花叶病毒病的发生。种子干热处理存在一定风险，需通过预试验确定最适处理温度，以免种子失活或灭菌不彻底。

4.3　加强田间栽培管理

施用充分腐熟的有机肥，增施磷、钾肥；加强栽培管理，一旦发现毒株，及早清除毒株和病残体，防止病毒扩散；西瓜花叶病毒寄主广泛，且蚜虫的寄主植物也较多，因此注意清除田间地头的杂草，有助于西瓜花叶病毒的防控。另外，可在棚口处安装防虫网，预防蚜虫"串门"，防虫的同时也对病毒病的防控起到一定作用；进行农事操作时，对使用的工具消毒，防止病毒通过使用工具传播。

4.4　蚜虫防治

（1）物理方法　利用蚜虫对黄色的强趋性，可在棚室内悬挂黄板诱杀。此外，银灰色对蚜虫有较好的驱避作用，可在菜田悬挂银灰色塑料条或用银灰色地膜覆盖来驱避蚜虫。

（2）化学防治　保护地黄瓜栽培，蚜虫发生初期每亩用3%高效氯氰菊酯烟剂400 ～ 500克或15%异丙威烟剂250 ～ 300克熏烟防治，把烟剂均分成4 ～ 5堆，于傍晚闭棚后点燃，熏8 ～ 10小时后通风。也可选用20%啶虫脒可溶粉剂7 000倍液，或50%吡蚜酮水分散粒剂6 000倍液喷雾防治，注意药剂轮换使用，避免抗药性产生。

5　药剂防治

黄瓜花叶病毒病应以预防为主，病毒发生前可用1%香菇多糖水剂200 ～ 400倍液，或4%低聚糖素可溶粉剂500 ～ 800倍液进行喷雾预防；在病毒高发期，可用2%氨基寡糖素水剂800倍液喷雾预防。在病毒发生初期，可用20%盐酸吗啉胍可湿性粉剂500倍液，或20%吗胍·乙酸铜可湿性粉剂600倍液，或8%宁南霉素水剂800倍液，或24%混脂·硫酸铜水乳剂600 ～ 1 000倍液喷雾防治。

瓜类"褪绿黄化"有病因，对症下药最重要

近期，据多地瓜类种植区反映，温室内的瓜类叶片出现了黄化、凸起皱褶和失绿等症状，笔者团队通过调研、采样，并结合农户寄送的病样进行分子生物学检测，最终确定导致叶片黄化的原因是由病毒引起的侵染性病害。为此，针对瓜类叶片褪绿黄化现象提出有效的防控措施。

1 发病症状

发病期间，黄瓜植株叶片除叶脉外均出现褪绿、黄化现象（彩图1）；部分叶片凸起皱褶呈"泡状金黄斑"（彩图2）；叶片仅叶脉保持绿色（彩图3）；发病严重时整株叶片变黄、干枯（彩图4）。

彩图1　叶片黄化

彩图2　泡状金黄斑

彩图3　叶片黄化，仅叶脉
　　　　绿色

彩图4　叶片褪绿黄化、干枯

2　病原菌

引起瓜类褪绿黄化病毒病的毒源分别为番茄褪绿病毒（*Tomato chlorosis virus*，ToCV）、瓜类褪绿黄化病毒（*Cucurbit chlorotic yellows virus*，CCYV）和马铃薯Y病毒（*Potato virus* Y，PVY）。ToCV和CCYV均属于长线形病毒科（Closteroviridae）毛形病毒属（*Crinivirus*）；PVY属于马铃薯Y病毒科（Potyviridae）马铃薯Y病毒属（*Potyvirus*）代表种。以上3种毒源同为RNA病毒。

3　病毒传播途径

3.1　种苗带毒传播

种子带毒传播是远距离传播的主要途径，携带该病毒的种子形成带毒幼苗，成为病毒病发生的初侵染源。

3.2　昆虫传毒

ToCV不能通过机械摩擦接种传播，其重要传播介体是粉虱，主要通过刺吸植物汁液、分泌蜜露传播植物病毒等方式进行为害，其迁移特性加快了ToCV的蔓延；而PVY能通过机械摩擦接种传播，其重要传播介体是蚜虫，这也是病毒病暴发和流行的主要因素之一。CCYV主要通过粉虱进行半持久性传播，如B型和Q型烟粉虱，CCYV在瓜类作物上的发生与烟粉虱的群体种类和数量存在密切关系。

3.3　农事操作传播

农事操作不当，可导致病毒侵染传播。如打杈、整枝、绑蔓或嫁接时，病毒通过摩擦接触对健康植株进行侵染，可导致病毒迅速传播。

4　病害综合防控措施

4.1　种子消毒

播种前用清水浸种3～4小时，再用10%磷酸三钠溶液或0.1%高锰酸钾溶液浸种20分钟，然后用清水冲洗，催芽播种；或者对种子进行干热消毒处理，但该方法存在一定风险，需通过预试验确定其最适处理温度，以免种子失活或灭菌不彻底。

4.2　加强栽培管理

加强田间管理，保持田间清洁，及时除草，随时清除被病虫为害的病蔓、残叶、病果，集中深埋或销毁，农具及时消毒，减少植株间相互摩擦次数，可减轻第二茬的为害；严格轮作倒茬，也可喷施含锌、硼、钙的叶面肥，促使黄瓜生长旺盛，提高植株抗病能力。

4.3 害虫防治

生产中可采用农业、物理措施和化学药剂相结合进行防控。高温、干燥的环境是粉虱活动高峰期，各地区可以适当提前或延后黄瓜定植时期，避开粉虱、蚜虫活动高峰期；也可在大棚风口处加装防虫网或在棚内悬挂黄色粘虫板，做到监控、防病双重结合；可在定植前用5%吡虫啉颗粒剂3～5粒/株（注意不要让药剂直接接触根系），或定植后用25%噻虫嗪水分散粒剂7 500倍液灌根预防；在粉虱发生初期，可选用10%烯啶虫胺水剂1 000～2 000倍液，或24%螺虫乙酯悬浮剂1 500～2 000倍液喷雾防治；蚜虫发生初期每亩用15%异丙威烟剂250～300克熏烟防治，把烟剂均分成4～5堆，于傍晚闭棚后点燃，熏8～10小时后通风。也可选用20%啶虫脒可溶粉剂7 000倍液，或50%吡蚜酮水分散粒剂6 000倍液喷雾防治，注意药剂轮换使用，避免抗药性产生。

4.4 药剂防治

发病初期，用5%氨基寡糖素水剂750～1 000倍液，或20%盐酸吗啉胍可湿性粉剂500倍液，或6%寡糖·链蛋白可湿性粉剂750倍液，或20%吗胍·乙酸铜可湿性粉剂600倍液，或24%混脂·硫酸铜水乳剂600～1 000倍液均匀喷雾，也可选用8%宁南霉素水剂800倍液喷雾防治，防止病害进一步传播蔓延。

豆类蔬菜病害

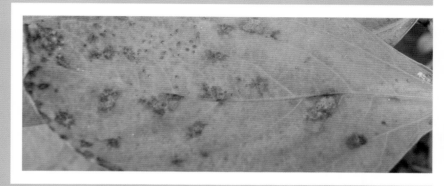

DOULEI SHUCAI BINGHAI

一病多因，豇豆假尾孢叶斑病变幻莫测

为了加快海南北运蔬菜产业的现代化和安全生产基地建设，2015年笔者团队开展了对海南冬季豆类蔬菜真菌病害的调查研究，发现由灰色假尾孢 [*Pseudocercospora griseola* （Sacc.）Crous & U. Braun] 以及菜豆假尾孢 [*Pseudocercospora cruenta* (Sacc.) Deighton] 引起的豇豆假尾孢叶斑病在海南省三亚崖城、乐东佛罗镇、陵水英州镇、澄迈永发镇等豇豆主产区发生比较严重，重病田发病率在70%以上，严重影响豇豆的正常生长。这两种病原菌引起的发病症状差异较大，特别是菜豆假尾孢引起的豇豆假尾孢叶斑病的症状与尾孢菌引起的豆类红斑病（彩图1）相似，导致当地的植保人员以及技术人员不能准确诊断该病，无法采取有效的防治措施。现将这两种假尾孢引起的豇豆假尾孢叶斑病的发病症状和防治措施介绍如下。

彩图1　变灰尾孢引起的豇豆红斑病

1　两种病原菌引起的豇豆假尾孢叶斑病发病症状

1.1　由灰色假尾胞引起的豇豆假尾孢叶斑病症状

该病菌主要为害叶片。一般植株下部叶片先发病，逐渐向上蔓延，发病初期，叶面出现褐色不规则形小点，然后逐渐扩大形成多角形或不规则形病斑，病斑呈黄褐色、浅砖红褐色，有时中央灰白色至浅褐色，边缘褐色，有黄色晕圈（彩图2），叶背紫褐色，边缘不规则。随着病情的发展，病斑扩大连片或覆盖整个叶面，病斑背面布满褐色霉层（彩图3）。发病后期植株的下部叶片全部发病，病叶变红褐色并逐渐枯死。

1.2　由菜豆假尾胞引起的豇豆假尾孢叶斑病症状

该病菌主要为害叶片。一般从老叶开始发病，发病初期，叶面出现褐色不规则形病斑，病斑沿着叶脉进行蔓延，逐渐呈多角形或近圆形，紫红褐色或褐色（彩图4），有时中央灰褐色至黄褐色，边缘褐色，有时具轮纹；叶背暗褐色，边缘红褐色，病、健交界明显，有灰色霉层。发病后期病斑密生褐色小点，叶背面布满灰色霉层（彩图5）。

彩图2　灰色假尾孢引起叶片大面积被侵染

彩图3　灰色假尾孢引起病叶背面着生褐色霉层

彩图4　菜豆假尾孢引起叶面病斑多角形、黄褐色

彩图5　豇豆假尾孢叶斑病（叶背着生灰色霉层）

2　豇豆假尾孢叶斑病病原菌特征

2.1　灰色假尾孢显微特征

子实体叶两面生，主要生于叶背面，子座无或小，黄褐色，扁球形。分生孢子梗8～25根，紧密簇生形成孢梗束，浅青黄色至浅青黄褐色，色泽均匀，顶端钝圆或渐细，直立或弯曲，有隔膜，大小为（80.0～282.0）微米×（2.5～7.0）微米（彩图6）。分生孢子倒棍棒形至圆柱形，浅青黄褐色，直或弯曲，顶部近尖细至钝，基部倒圆锥形平截，3～12个隔膜，大小为（30.0～121.0）微米×（4.0～6.0）微米（彩图7）。假尾孢属与尾孢菌属明

显不同，尾孢菌属的孢痕明显并且加厚，分生孢子梗极少从表生菌丝上产生，分生孢子多数无色，针形。

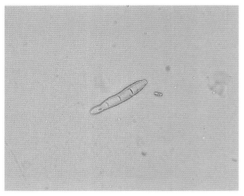

彩图6　灰色假尾孢分生孢子梗形成孢梗束　　　　**彩图7　灰色假尾孢分生孢子**

2.2　菜豆假尾孢显微特征

　　子实体叶两面生，主要生于叶背面，子座无或小，气孔下生，黄褐色。分生孢子梗5～18根簇生，浅青黄色至浅青黄褐色，色泽均匀，顶端渐细或钝圆，直立或曲膝状弯曲，1～3个曲膝状折点，1～5个隔膜，大小为（10.0～66.0）微米×（3.0～6.0）微米（彩图8）。分生孢子倒棍棒形至圆柱形，近无色至浅黄褐色，直或弯曲，顶部渐尖细至钝，基部倒圆锥形平截，3～9个隔膜，大小为（37.0～134.0）微米×（2.5～5.0）微米（彩图9）。

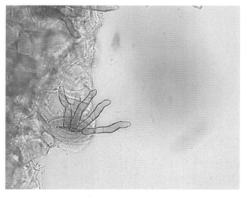
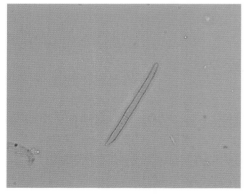

彩图8　菜豆假尾孢分生孢子梗　　　　**彩图9　菜豆假尾孢分生孢子**

3 豇豆假尾孢叶斑病传播途径和发病条件

3.1 传播途径

两种病原菌主要以菌丝体及分生孢子随病残体在田间越冬。翌年环境条件适宜时，菌丝体产生分生孢子，借气流或雨水传播，形成初侵染，并在病部产生分生孢子，分生孢子成熟后脱落，借风雨传播，进行再侵染。

3.2 发病条件

根据田间观察，由菜豆假尾孢侵染的豇豆叶斑病，在气温高于25℃，遇雨或连阴雨天气，特别是阵雨转晴，气温高、田间湿度大，容易发生。而灰色假尾孢侵染的豇豆叶斑病多在早晚雾气较大的晴天容易发生。一般最易感病生育期为成株期至坐果期，发病潜育期5～10天。

（1）温度　试验表明，灰色假尾孢分生孢子在适宜的温度下萌发速度较快，在10～40℃范围内均可萌发，最适温度为30℃。菜豆假尾孢分生孢子在10～38℃的范围内均能萌发，10℃时萌发速度很慢，38℃时萌发率很低，8℃和40℃不萌发，萌发最适宜温度为25～27℃。分生孢子的湿热致死温度为53℃处理10分钟。

（2）湿度　试验表明，两种病原菌在空气相对湿度为90%和95%时分生孢子的萌发率很低，要在相对湿度95%以上才有萌发，而在水滴中分生孢子的萌发率均达95%以上，可见水滴是假尾孢属孢子萌发的必要条件。

（3）pH　两种病原菌菌丝在pH 3～12均可生长，灰色假尾孢以pH 5～6为最适，菜豆假尾孢最适pH为6～7；两种病原菌分生孢子在pH 3～10范围内均能萌发，但pH为2或11时分生孢子不能萌发。

4 豇豆假尾孢叶斑病综合防治措施

引起豇豆假尾孢叶斑病的两种病原菌属于同一个属，因此在防治方面有很多相同之处，可从以下几方面制定相应的综合防治策略，防止豇豆假尾孢叶斑病的发生和蔓延。

（1）针对土壤中的病残体　应及时清除田间的病残体，深翻畦土将病残体埋入土壤深处，然后做高畦深沟并覆盖地膜，以阻止土壤中病菌的传播，降低初侵染率。

（2）针对种子传播　应从健康植株上采种，以减少初侵染源，提高种子质量。播种前进行种子消毒，先用10%的盐水浸种，再用45℃的温水浸种10～15分钟，然后催芽播种，可有效地降低种子带菌率。

（3）针对田间病株的传播　应及时摘除病叶，将带菌的叶柄、茎秆连带根部剪除，并进行药剂防治。发病初期及时施药，可选用10%苯醚甲环唑水分散颗粒剂800～1 200倍液喷雾防治，每5～7天喷1次，连喷2～3次，幼苗喷药量酌减；或用25%嘧菌酯悬浮剂1 500～2 000倍液喷雾防治，每7～10天喷1次，连喷3～4次，幼苗喷药量酌减；或用25%吡唑醚菌酯乳油2 000～3 000倍液，或325克/升苯甲·嘧菌酯悬浮剂1 500～2 000倍液，每7～10天喷1次，连喷3～4次。还可选用的药剂有：50%咪鲜胺可湿性粉剂2 000倍液、50%多菌灵可湿性粉剂500倍液、75%百菌清可湿性粉剂600倍液。此外，还可喷施75%百菌清可湿性粉剂+70%甲基硫菌灵可湿性粉剂（1∶1）1 000～1 500倍液，或30%氢氧化铜悬浮剂+70%代森锰锌可湿性粉剂（1∶1）1 000倍液，喷施2～3次，隔7～10天喷1次，交替施用。

豇豆锈病绝佳防控，从此不再"锈迹斑斑"

豇豆锈病是世界范围内豇豆主要病害之一，主要为害豇豆叶片，引起叶片变形早衰、落叶，严重时为害叶柄、茎和种荚，影响豇豆的产量和品质，可减产40%～50%，甚至绝收。

1 豇豆锈病为害症状

豇豆锈病主要为害叶片，严重时也为害茎和荚果。叶片被害初生绿色针头大小的黄白色小斑点，小斑点逐渐扩大、变褐，隆起成近圆形黄褐色小疱斑（彩图1），后期病斑中央突起呈暗褐色，形成椭圆形或不规则黑褐色枯斑，表皮破裂后散生出大量锈褐色粉末（彩图2）。叶片背面初生淡黄色小斑点，随着病情的发展，逐渐变成红褐色，并隆起呈疱斑（彩图3）。茎和荚果染病产生暗褐色突起，发病严重时，形成椭圆形或不规则形锈褐色枯斑。

彩图1　叶面隆起近圆形黄褐色小疱斑

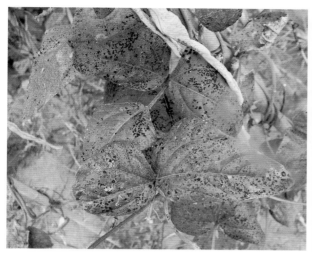

彩图2　中后期叶正面病斑黑褐色　　　　　彩图3　叶背病斑红褐色呈疱斑状

2　豇豆锈病病原菌特征

　　豇豆锈病的病原菌为豇豆单胞锈菌（*Uromyces vignae* Barclay），属担子菌门。在豆类锈病的生活史中可产生5种类型的孢子，分别是性孢子、锈孢子、夏孢子、冬孢子和担孢子，最常见的是夏孢子和冬孢子。夏孢子单胞无柄，近圆形或椭圆形，黄褐色，表面具有细刺和明显的芽孔（彩图4）。冬孢子单胞有柄，圆形或短椭圆形，黄褐色至栗色，表面平滑，顶部有一个发芽孔（彩图5）。豆类锈菌是专性活体营养寄生菌，若被寄生部位的寄主细胞死亡，锈菌的营养菌丝也随即死亡。

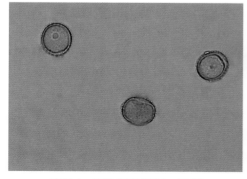

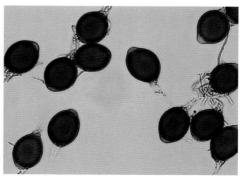

彩图4　夏孢子具细刺，无柄　　　　　彩图5　冬孢子色深有柄

3 豇豆锈病发病规律

在北方寒冷地区，豇豆锈菌以冬孢子随病残体在土壤中越冬。翌年春季在具有水滴和散射光的条件下，冬孢子萌发产生菌丝体，借气流传播产生芽管侵入豇豆叶片，成为初侵染源，然后在受害部位产生性孢子和锈孢子。锈孢子成熟后，借气流传播到豇豆健康叶片，萌发后，产生芽管侵入为害，产生夏孢子堆。

在南方温暖地区，夏孢子也能越冬。在豇豆生长期，锈菌主要以夏孢子重复侵染为害，夏孢子萌发产生芽管，从气孔侵入，形成夏孢子堆后，又散生出夏孢子，通过气流传播再侵染。豇豆生长后期或环境条件不适宜时，在受害部位产生黑色冬孢子堆。

4 影响豇豆锈病发病的条件

4.1 气象因素

豇豆锈菌喜温暖高湿的环境，发病最适温度为23 ～ 27℃，相对湿度95%以上。寄主表面有水滴是夏孢子萌发和侵染的必要条件。当遇到连续小雨或中雨，易造成病害流行。

4.2 栽培管理条件

植株抗病能力弱、豆田低洼、排水不良、种植过密、通风透光不良、榻架造成田间过湿的小气候等，均利于病害发生。

5 豇豆锈病综合防控措施

5.1 加强栽培管理

选择地势干燥、排水良好的地块种植豇豆；雨后加强排水排湿，特别在病害易发期，保护地要及时通风，降低棚内空气湿度；合理布局，秋豇豆最好远离夏豇豆地种植；多施腐熟优质有机肥，增施磷、钾肥，促进植株健壮生长；合理密植，及时摘除中心病叶，收获后及时清除田间病残体，集中进行深埋处理。

5.2 轮作

春、秋茬豆地要隔离，避免连作，与叶菜类、瓜类等非豆科蔬菜轮作。

5.3 药剂防治

发病前可以选择0.4%蛇床子素可溶液剂600 ～ 800倍液进行预防用药，间隔期10 ～ 15天。发病初期，可选用10%苯醚甲环唑悬浮剂1 500 ～ 2 000倍液，或70%硫黄·锰锌可湿性粉剂500 ～ 800倍液，或29%吡萘·嘧菌酯悬浮剂1 200 ～ 1 500倍液，或40%腈菌唑可湿性粉剂4 000 ～ 5 000倍液，每隔7 ～ 10喷雾1次，连喷2 ～ 3次。

十字花科与叶类蔬菜
病害

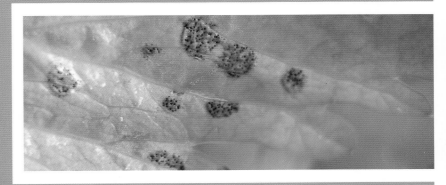

SHIZIHUAKE YU YELEI SHUCAI
BINGHAI

当心！白菜黑斑病防治不当满地植株全部枯死

我国白菜种类多样，包括小白菜类和大白菜类。由链格孢属（*Alternairia*）真菌引起的白菜黑斑病是一种世界性病害，在热带及亚热带地区发生普遍。

生产中，白菜受害后光合作用减弱，植株衰老加速，茎叶味苦，品质低劣，产量明显减少，在部分地区流行年份会减产20%～50%。2013—2015年中国农业科学院蔬菜花卉研究所菜病综防课题组在全国的病害调查中发现，北京（顺义）、河北（张家口）、四川（成都）、云南（昆明）等地发生严重，北京地区2013年部分田块白菜病株率达100%。

1 白菜黑斑病田间症状

田间白菜苗期和成株期均可受到黑斑病病原菌的侵染，植株的叶片、叶柄、花梗及种荚等部位均可受到为害，以叶片和叶柄为主。

1.1 苗期发病症状

若种子带菌，田间出芽率明显降低，出芽后腐烂坏死；子叶形成黑色斑点（彩图1），真叶上逐渐扩展为轮纹斑（彩图2）；茎部出现纵向褐色斑。

彩图1　幼苗子叶发病形成黑色斑点

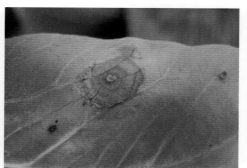

彩图2　苗期真叶发病形成轮纹斑

1.2 成株期发病症状

成株期叶片发病，其上产生小黑点，病斑逐渐扩大，形成黑褐色同心轮纹，病斑周围有时有黄色晕圈（彩图3），病斑直径2～6毫米；或从叶片边缘开始发病，形成褐色至黑褐色的轮纹斑。后期多个病斑汇合，有时中间穿孔或破裂（彩图4）。湿度大时，在病斑两面产生黑褐色至黑色霉状物（彩图5），发病叶片局部或整个叶片发黄。白菜不同品种间症状表现相似，植株下部叶片常发病严重（彩图6），后逐渐发展到上部叶片，致使整株枯死（彩图7）。

1.3　茎秆、种荚及花梗发病症状

茎部发病，病斑呈梭形，褐色至黑褐色，湿度大时上生黑色霉层。种荚及花梗发病，形成近圆形病斑，中央灰白色，边缘褐色（彩图8），有或无轮纹，潮湿时生黑褐色霉状物，种荚瘦小，在收获时污染种子。

白菜黑斑病病原菌种类多，不同病原菌在白菜上所形成的症状存在一定差异。研究2013—2015年的病样标本发现，与芸薹链格孢（*Alternaria brassicae*）相比，芸薹生链格孢（*Alternaria brassicicola*）引起的白菜黑斑病斑点更黑，且不规则，国外也有描述证明这一点。此外，芸薹生链格孢（*A. brassicicola*）在储藏期较为常见，引起大白菜叶帮腐烂，而萝卜链格孢（*A. raphani*）可在白菜苗期侵染茎基部，造成白菜苗大量死亡。

彩图3　病斑周围有黄晕

彩图4　病斑穿孔

彩图5　叶片叶脉发病，病斑上有黑色霉层

彩图6　乌塌菜下部叶片发病重

彩图7 白菜整株枯死

彩图8 茎秆及种荚发病

2 白菜黑斑病病原菌特征

白菜黑斑病病原菌为链格孢属（*Alternaria*）真菌，其有性态为子囊菌门。世界上已经报道的可以侵染白菜引起黑斑病的病原菌有5种，芸薹链格孢 [*A. brassicae* (Berk.) Sacc.]、芸薹生链格孢（甘蓝链格孢）[*A. brassicicola* (Schwein.) Wiltshire]、萝卜链格孢（*A. raphanin* J.W. Groves & Skolko）、日本链格孢（*A. japonica* Yoshii）、链格孢 [*A. alternata* (Fr.) Keissl.]，国内报道由芸薹链格孢（*A. brassicae*）与芸薹生链格孢（*A. brassicicola*）引起的白菜黑斑病发生最严重。

2.1 芸薹链格孢（*A. brassicae*）显微形态及生物学特性

该菌在PDA培养基上25℃培养5天，菌落正面暗褐色，边缘整齐，背面黑褐色，直径6厘米。菌丝青褐色，细长，分枝，分隔。分生孢子梗单生或簇生，直立，直或膝状弯曲，淡褐色，分隔，大小（54.5～84.0）微米×（5.5～11.0）微米。分生孢子单生，罕见短链生，直或微弯，倒棍棒状，淡褐色至褐色，具横隔膜6～12个，纵、斜隔膜0～6个，孢身大小（64.0～158.0）微米×（19.5～38.0）微米（彩图9）。喙柱状，淡褐色，具分隔，大小（23.0～93.0）微米×（6.0～8.0）微米。芸薹链格孢菌丝最佳生长温度为18～24℃，最佳产孢温度为8～24℃。

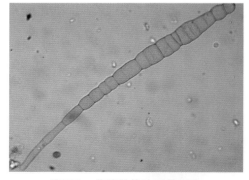

彩图9 芸薹链格孢显微形态

2.2 芸薹生链格孢（*A. brassicicola*）显微形态及生物学特性

该菌在PDA培养基上25℃培养5天，菌落正反面均为黑褐色，边缘整齐，直径6.5厘米。分生孢子梗单生或簇生，直或膝状弯曲，分隔，淡青褐色至褐色，大小（31.0～80.0）微米×（4.5～7.0）微米。分生孢子（彩图10）圆柱形至倒棍棒形，链生，淡褐色至青褐色，具3～10个横隔膜，0～8个纵、斜隔膜，分隔处明显缢缩，光滑，大小（25.0～93.0）微米×（7.5～25.0）微米。喙一般不发达，多为单细胞假喙，淡青褐色。芸薹生链格孢菌丝最佳生长温度为20～30℃，最佳产孢温度为8～30℃。

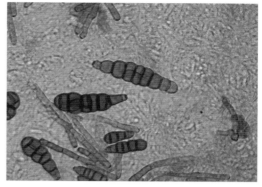

彩图10　芸薹生链格孢显微形态

3　白菜黑斑病发生规律

3.1　病原菌侵染的周期性现象

白菜黑斑病不同病原菌间存在生物学特性差异，以芸薹链格孢（*A. brassicae*）和芸薹生链格孢（*A. brassicicola*）为例，其各自最佳生长及产孢温度不同，故不同季节在白菜上常表现出周期性。不同地区病原菌的发生周期性也不同。北京地区7～8月高温季节，田间白菜黑斑病病原菌以芸薹生链格孢为主；6月中旬以前和9月下旬以后，北京地区引起白菜黑斑病的优势菌为芸薹链格孢。在陕西省关中地区，9月下旬以前主要为芸薹生链格孢进行为害，9月下旬以后主要以芸薹链格孢为主。2013年11月上旬北京顺义地区暴发白菜黑斑病，对病原菌进行鉴定后发现，芸薹链格孢为优势菌株，占病原菌总数的80%。

3.2　病害初侵染源及侵染循环

（1）初侵染源　白菜黑斑病病原菌的初侵染源主要为带菌种子和遗留在田间的病残体。病原菌也可在土壤中存活至少2年。田间除白菜以外的十字花科作物被侵染后，也会成为重要的初侵染来源。

（2）侵染循环　分生孢子主要借风雨传播，在白菜收获时，分生孢子从病组织上脱离，可随空气进行远距离传播。病原菌还可通过昆虫（如黄曲条跳甲）及农事操作在田间短距离传播。温暖干燥的环境易于分生孢子的传播分散，但是叶片湿润的状态更利于分生孢子的侵染。潜育期3～5天，环境条件适宜时，病斑上能产生大量的分生孢子，并进行重复侵染，扩大蔓延为害。春夏季病原菌辗转为害萝卜、芥菜、甘蓝等十字花科蔬菜，并产生分生孢子进行再侵染，秋季传播到大白菜进行为害。在我国南方一些地区，白菜黑斑病病原菌无明显的越冬期，病菌可在田间辗转蔓延。

3.3　病害发生与环境的关系

黑斑病发生时间及发病与气候关系最密切，在多雨高湿及气温偏低的地区发病较重。病原菌侵染期间，田间湿度95%以上持续9～18小时是黑斑病病原菌侵入的必要条件。连续阴雨或大雾天气极易造成该病流行，温度降低至10℃以下，病原菌侵染受阻，黑斑病的发生与为害都大为降低。平畦、密集栽培的田块发病严重；大水漫灌与低畦积水田块发病较重；底肥不足或追施未腐熟农家肥的田块发病重。

4　白菜黑斑病的防治方法

4.1　选育抗病品种

目前国内对白菜黑斑病抗性室内鉴定的报道集中在大白菜上，且主要针对芸薹链格孢（*A. brassicae*），而实际上几乎所有白菜类作物的商业品种对黑斑病的3种主要病原菌（*A. brassicae*、*A. brassicicola*、*A. raphani*）都是感病的。

4.2　进行种子处理

黑斑病可以通过种子进行传播，播种前对种子进行处理，可以有效防止病原菌的扩散。即种子用50℃温水浸泡20～30分钟，取出后直接用凉水冷却，干燥后播种，或用15%多·福悬浮种衣剂以药种比1：300拌种后播种。

4.3　农业措施防病

（1）适期播种，合理轮作　尽可能地避免早播种，各地大白菜的适合播期不同，北京提倡8～9月播种最好。轮作可以有效避免病害，如果同一块地重复种植十字花科作物，黑斑病会持续发生和扩散。与非十字花科作物轮作2～3年，可扰乱病原菌在田间辗转为害，进而减少病原菌的侵染基数。

（2）合理密植，控制水肥　播种不要过密，尽可能留出打药行，以便后期进行防治；加强水肥管理，提高植株抗病性；增施肥料，特别是增施磷、钾肥，避免后期脱肥；在病害流行期要适当控水，避免因田间积水，徒增田间相对湿度。

（3）清洁田园　白菜病残体在土壤中需要3～4年的降解时间，但病原菌分生孢子能够从残株传播到附近植株，所以田间需要严格控制十字花科杂草和白菜残株。一旦发现白菜黑斑病病株，应及时清除病残体，集中销毁深埋，杜绝病原菌继续传播为害。

4.4 化学药剂防治

在发病初期使用化学药剂防治白菜黑斑病，不仅可以有效控制病害的扩展，还可以降低白菜收获时叶表面的农药残留。药剂可选用单剂，如10%苯醚甲环唑水分散粒剂1 500～2 000倍液、2%嘧啶核苷类抗菌素水剂300～400倍液、430克/升戊唑醇悬浮剂3 800～4 500倍液，或者选用复配制剂，如30%戊唑·噻森铜悬浮剂1 000～1 500倍液、68.75%噁酮·锰锌水分散粒剂1 000～1 500倍液，对植株进行均匀喷雾防治，每隔7天喷1次，连喷2～3次。施药时，注意轮换使用不同作用机制的药剂，以防产生抗药性。

出大招！"多管齐下"向白菜白斑病说拜拜

白菜是十字花科芸薹属叶用蔬菜，包括大白菜和小白菜2个亚种。由芸薹新假小尾孢 [*Neopseudocercosporella capsellae* (Ellis & Everh.) Videira & Crous] 引起的白菜白斑病是一类常见世界性病害，1887年首次在油菜上被报道，还可为害十字花科的乌塌菜、菜薹、芜菁、萝卜、芥菜、甘蓝、花椰菜等。

白菜白斑病是白菜生产过程中的重要病害，春白菜、夏白菜和秋冬白菜均可被侵染，其中多雨冷凉的秋季发病较普遍，严重时可造成叶片大面积枯死。2015年笔者在全国范围进行病害调查时发现，白菜白斑病在我国主要发生于较高纬度的东北地区、高海拔的青藏高原以及张家口的坝上地区。

1　白菜白斑病为害症状

（1）大白菜为害症状　主要为害叶片。发病初期，叶片上散生黄褐色细小斑点，逐渐扩大成近圆形至不规则形病斑，中央灰白色至浅褐色，边缘围以褐色的细线圈（彩图1），有时具黄绿色晕圈（彩图2），直径3～15毫米。发病后期，病斑呈白色半透明状，薄如窗纸，易开裂穿孔（彩图3）。严重时许多病斑愈合成片，引起叶片干枯死亡，似火烤状（彩图4）。湿度大时，病斑背面着生稀疏的淡灰色层。

彩图1　大白菜白斑病病斑中央灰白色

彩图2　大白菜白斑病病斑具黄绿色晕圈

彩图3　大白菜白斑病病斑易开裂穿孔

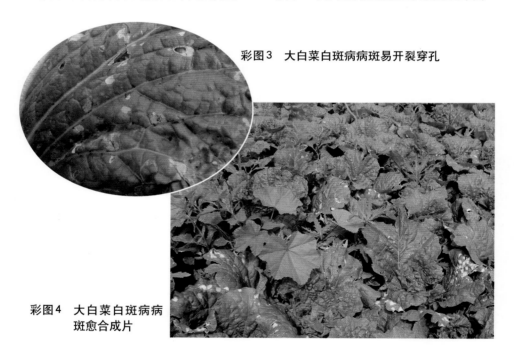

彩图4　大白菜白斑病病
斑愈合成片

　　（2）小白菜为害症状　可为害整个生育期，老叶发病较重。发病初期，叶片出现黄白色至灰褐色小圆斑，后逐渐扩大为圆形或近圆形病斑，中央灰白色至黄白色，边缘颜色较深呈褐色，病部稍凹陷（彩图5），易破裂，直径2～6毫米。发病后期，病斑呈黄白色半透明状（彩图6），湿度大时，病斑背面也会着生稀疏的淡灰色层。

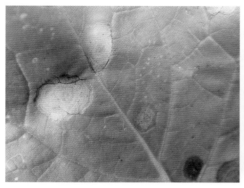

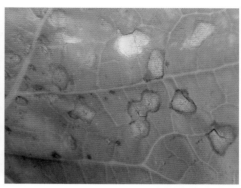

彩图5　小白菜白斑病病斑灰白色凹陷　　　彩图6　小白菜白斑病病斑呈黄白色半透明状

2　白菜白斑病病原菌特征

白菜白斑病病原菌为芸薹新假小尾孢（*N. capsellae*，异名 *Pseudocer-cosporella capsellae*），无性态属于丝孢纲；有性态为 *Mycosphaerella capsellae*，子囊菌门球腔菌科。菌丝无色，有隔膜。子座由数个无色细胞组成至球形，仅在夏白菜上能观察到，在春白菜和秋白菜上观察不到。分生孢子梗单生或2～12根簇生，多从气孔伸出，无色，无隔膜，直立至曲膝状弯曲，顶端圆形，孢痕不明显加厚，大小（25.8～55.3）微米×（2.2～3.2）微米（彩图7）。分生孢子单生，线形、针形、近圆柱形或倒棍棒形，无色，直立或稍弯曲，基部圆锥形平截，顶部钝圆或略尖，0～4个隔膜，大小（24.8～105.5）微米×（4.0～5.2）微米（彩图8）。该菌最初被Ellis和Everh.命名为芥柱盘孢（*Cylindrosporium capsellae*），后又被更名为白斑尾

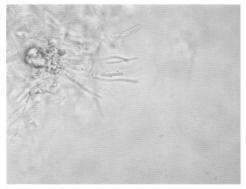

彩图7　芸薹新假小尾孢分生孢子梗束生、　　　彩图8　芸薹新假小尾孢分生孢子针形、
　　　　无色　　　　　　　　　　　　　　　　　　　　无色

孢（*Cercospora albomaculans*），1973年Deighton将其更名为芸薹假小尾孢（*Pseudocercosporella capsellae*），2016年基于分子系统发生学将其组合为芸薹新假小尾孢（*Neopseudocercosporella capsellae*）。

3 白菜白斑病发病规律

3.1 侵染来源

病原菌以菌丝体或分生孢子随病叶等病残体在地表越冬或附着在种子、种株上越冬，成为翌年的初侵染源。待条件适宜萌发产生次级分生孢子从气孔侵染，引发初侵染。植株发病后病部又可产生分生孢子，进行后续传播再侵染。

3.2 传播途径

（1）雨水传播 雨季来临，特别是连续降雨或田间进行灌溉时，病残体、种子或种株上的病原菌随水滴飞溅或径流传播到健康植株上，进行初侵染和再侵染，造成病害在田块内传播，水滴是分生孢子自然传播的重要载体。

（2）气流传播 孢子是真菌繁殖的主要形式，随气流传播到宿主上，环境条件适宜时即可引起侵染。需要指出的是，芸薹假小尾孢的分生孢子因其表面黏液的作用，干燥条件下不易被风传播，溶于水滴形成微小的液态粒子后才可随气流进行近距离的传播。

（3）种子传播 白菜种子可为病原菌提供生存条件和物质载体，种子传播已成为白菜白斑病远距离传播的一种途径。

3.3 影响发病的因子

（1）气候条件 低温高湿、连续降雨、多雾结露等气候条件有利于白斑病的发生和流行。温度5 ~ 28℃和相对湿度60%以上均可发病，发病适温一般在11 ~ 23℃，相对湿度高于62%。白斑病属于低温型病害，秋季低温的环境条件，为病害的流行创造了条件，但影响病害发生的主要因素是降雨，连续性降雨是该病流行的主要气象因子。春季首先在种株上为害，秋白菜生育后期，气温下降，病害流行。东北地区特别是发病严重的沈阳地区，9月上旬开始零星发病，10月上旬达到盛发期。张家口地区发病较早，从7月中、下旬开始，8月中旬发病最严重，一直持续到9月底至10月初。华南、西南及西北等地区一般年份不发生，仅气温低且连续降雨的春、秋季，可引发白斑病大发生。

（2）栽培管理 与十字花科蔬菜甘蓝、花椰菜、萝卜等连作、重茬和套作，可使病原菌积累和蔓延，导致病害发生。此外，栽培过密、田间地势低洼、排水条件差，会导致田块窝风、湿度增大，使病情加重。缺少氮肥或基肥不足，植株生长衰弱，抗病力低，也会加深病害发生程度。

（3）品种抗性 不同品种的抗性显著程度存在差异，一般青帮品种比白帮品种抗病。

4 白菜白斑病综合防治措施

4.1 农业防治

（1）加强田间管理　收获后及时清理田间病残体，并且深耕晒土。适期播种，定植时要合理密植并且选择茎粗、叶大、叶色浓绿的壮苗。大棚种植应及时疏叶，以提高通风透气性，且要保持棚面清洁，增强透光性。

（2）实行轮作　与非十字花科蔬菜实行2～3年以上轮作，前茬最好是葱蒜类、豆类、瓜类或茄果类作物，有条件的最好实行水旱轮作。

（3）合理施肥　施足基肥、适时追肥，合理调配氮、磷、钾肥的施用比例或施用充分腐熟的有机肥，避免偏施氮肥，增施磷、钾肥，以增强植株的抗病能力。

（4）合理灌溉　选择地势高的田块种植，苗期应在晴天隔行浅灌，以保持土温。生长后期应小水勤灌，畦面要见干见湿。雨季应及时清沟沥水，减少积水，以降低田间湿度。

4.2 化学防治

（1）种子处理　播种前进行温汤浸种，还可使用75%百菌清可湿性粉剂拌种，药剂拌种按照种子重量的0.4%进行。

（2）药剂治理　发病初期可用10%苯醚甲环唑水分散粒剂1 500～2 000倍液，或25%嘧菌酯悬浮剂3 500～4 500倍液，或50%啶酰菌胺水分散粒剂1 500～2 000倍液，或70%唑醚·丙森锌水分散粒剂1 000～1 500倍液，或40%苯甲·吡唑酯悬浮剂2 000～3 000倍液，或45%乙霉·苯菌灵可湿性粉剂1 000～2 000倍液对植株进行喷雾，隔7～10天喷施1次，连续2～3次。在多阵雨季节，露地大白菜于雨后及时喷药，防治效果尤为显著，而且可以适当缩短用药间隔期，因为多雨的天气利于该病的传播及蔓延。施药时，注意轮换使用不同作用机制的药剂，以防产生抗药性。

大白菜霜霉病暴发，辨病症找原因，对症防治效果佳

十字花科蔬菜霜霉病是由寄生霜霉 [*Peronospora parasitica* (Pers.) Fr.] 引起的一类世界性真菌病害，遇低温高湿的条件易于发生流行。该病害在我国各地均有发生，在东北、华北、西北地区

主要为害大白菜，流行年份损失可达 50%～ 60%，是大白菜生产上的重要病害之一。因此，掌握大白菜霜霉病的发生规律、防治技术，对控制该病的大规模发生具有重要的意义。

1 发病症状

1.1 苗期发病症状

发病初期叶片背面出现白色霜状的霉层，叶片正面没有明显的症状，严重时苗叶及茎变黄枯死。

1.2 成株期发病症状

发病初期，叶片正面出现褪绿色小黄点（彩图1），叶背面呈水渍状。发病中后期，形成受叶脉限制的多角形病斑，黄色至黄褐色（彩图2）。湿度大时，在叶片背面密生白色霉层（彩图3），即病菌的孢囊梗和孢子囊。病害严重发生时，多个病斑连接在一起，导致叶片变黄干枯。

1.3 包心期发病症状

土壤或病残体中的病原菌随水滴飞溅到贴近地面的叶背，形成局部侵染。大白菜包心期多从植株外层老叶开始发病，形成受叶脉限制的多角形或不规则形黄褐色病斑，叶背面病斑处产生白色霉状物（彩图4）。若环境条件适合，

彩图1 发病初期，叶正面出现褪绿小黄点　彩图2 发病中期，叶正面病斑多角形、黄褐色

病斑迅速扩展，使叶片连片枯死（彩图5），从外层老叶开始依次向内层层干枯，最后导致菜心裸露（彩图6），造成大白菜大面积减产。

彩图3　湿度大，叶背面密生白色霉层

彩图4　包心期从外层老叶开始发病

彩图5　包心期，病情迅速蔓延

彩图6　包心期从外叶到内叶层层干枯，最后菜心裸露

2　病原菌

病原为寄生霜霉 [*Peronospora parasitica*（Pers.）Fr.]，属卵菌门霜霉属。无性生殖产生孢子囊。孢囊梗单生或丛生，无色，基部膨大，上部锐角二杈分枝，分枝1～7次（彩图7）。孢子囊椭圆形或近球形（彩图8），（13～29）微米×（13～26）微米，萌发时产生芽管。有性生殖产生卵孢子，卵孢子黄褐色，球形，表面光滑或略有皱纹，直径34～42微米。

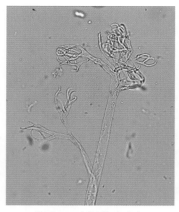

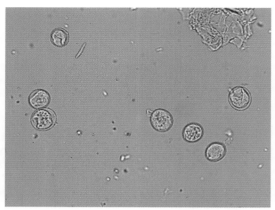

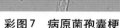

彩图7　病原菌孢囊梗　　　　　　　　　　彩图8　病原菌孢子囊

3　发病规律

3.1　初侵染源

一般认为菜田土壤中病枯叶内的卵孢子和种子内潜伏菌丝是初次侵染的主要来源。

（1）种子带菌　卵孢子附着在种子表面越冬或越夏，成为下茬或翌年初侵染来源，侵染幼苗。春菜发病的中后期，病组织上形成大量卵孢子，这些卵孢子只需经1～2个月的休眠，环境条件适宜时即可萌发，侵染当年的秋大白菜。

（2）病残体带菌　卵孢子随病残体在土壤中越冬，在土壤中可存活3年，条件适宜时仅2个月就可萌发，卵孢子萌发时产生芽管，从幼苗茎部侵入，进造成局部的侵染，菌丝体向上延伸到达子叶及第一对真叶，在其叶背面产生白色霜状霉层。

（3）越冬大白菜种株根头带菌　大白菜种株经贮存以后，种株根头部可以带菌，病菌可随气流传播，遇到适宜的条件便可侵染蔓延。

3.2　传播途径

（1）气体传播　菌丝体在种株及田间残余病株上越冬，翌年菌丝萌发产生孢囊梗，孢囊梗从气孔伸出产生孢子囊，孢子囊随气流传播。在新寄主上，从表皮、气孔或伤口处进行侵染。

（2）雨水和灌溉水传播　雨季来临或进行灌溉时，土壤或病残体中的病原菌随水滴飞溅或径流传播到附近健康植株，或在田块内传播。

（3）种子传播　研究发现一般感病品种种子带菌率都比较高，种子内潜伏菌丝可以造成幼苗局部的侵染。已有寄生霜霉在十字花科蔬菜萝卜、芸薹上通过种子传播的报道。

3.3 影响发病的因子

（1）温度　大白菜莲座期至包心期的温度是影响霜霉病流行的重要因素，它决定病害出现的早晚和发展的速度。孢子萌发适温为7～13℃，侵入适温为16℃，而菌丝的发育需要较高的温度，适温为20～24℃。因此，15～25℃有利于病害的发生，在24～25℃条件下病斑发展最快，高于25℃或低于14℃不利于病害的发生。

（2）湿度　湿度决定病害发展的严重程度，在日照不足、田间高湿条件下，病害发生严重。尤其在大白菜莲座期至包心期，若多雨、多雾，日夜温差大，病害极易流行。相对湿度在95%以上时病害严重发生。

4　大白菜霜霉病的防治技术

针对大白菜霜霉病的初侵染来源及传播途径，可以从以下几个方面制定相应的综合防治策略，防止大白菜霜霉病的传播和蔓延。

4.1 种植抗性品种

目前，我国常见的大白菜霜霉病的抗性品种有中白76、北京新5号、天正秋白2号、天正秋白5号等。

4.2 农业防治

（1）选无病种子　选择无病田或无病植株留种。

（2）田园清洁　清除、焚烧或深埋感病植株和杂草，以减少初侵染源。在莲座中期，要及时清除田间病株老叶，减少再侵染源。

（3）田间管理　播前精细整地，深翻土壤，与非十字花科作物实行2年以上轮作。播种前必须施腐熟的农家肥，施足底肥，增施磷钾肥，化肥分期使用。采用高窄畦深沟栽培，及时排水，以减小田间湿度。

（4）覆盖地膜　采用地膜覆盖栽培，一方面可防止地下病残体带菌传播，另一方面可降低近地面空气湿度，从而使大白菜霜霉病的发病率明显降低。

4.3 生物防治

发病初期，选用活孢子1.5亿/克木霉菌可湿性粉剂400～800倍液喷雾防治，每隔7～10天喷1次，连喷3～5次，可有效防治大白菜霜霉病。此外，有报道称，绿色木霉诱变菌株对大白菜霜霉病防治效果良好。

4.4 化学防治

（1）药剂拌种　播种前，可以用65%代森锌可湿性粉剂或75%百菌清可湿性粉剂拌种，药量为种子质量的0.3%～0.4%，以减少种子表面的病菌。

（2）药剂防治　发病初期及时用药可以有效控制病害的发生和发展。选用50%烯酰吗啉可湿性粉剂1 000～1 500倍液，或75%百菌清可湿性粉剂500～800倍液，或70%丙森锌可湿性粉剂500～800倍液，或687.5克/升氟菌·霜霉威悬浮剂800～1 200倍液5～7天喷雾防治1次，连续施用2～3次。喷药必须细致周到，特别是叶片背面更应喷到。注意不同类型药剂间应交替轮换使用，避免单一用药使病菌产生抗药性。

萝卜叶片生白锈切莫大意，别拿产量开玩笑

萝卜白锈病是一种世界性病害，1932年在德国首次报道。我国最早于1979年在戴芳澜《中国真菌总汇》中记载。萝卜白锈病主要为害叶片，也可侵染茎部和花梗。近几年，我国安徽合肥、湖南益阳、云南昭通、宁夏银川和平罗等地区均有萝卜白锈病的发生报道。2009—2015年，中国农业科学院蔬菜花卉研究所菜病综防课题组在湖北、贵州等地进行田间病害调查，发现萝卜白锈病发生较重。除萝卜外，该病害还能侵染十字花科多种蔬菜，如白菜、油菜等。

1　萝卜白锈病病原菌

白锈属（*Albugo*）隶属于卵菌门霜霉目白锈科（Albuginaceae）。本科仅有白锈属一属，是真菌中相对较小的类群，为专性寄生菌。目前，世界上报道过侵染萝卜引起白锈病的病原菌有5种，其中国内记载的有1种，即白锈菌［*Albugo candida* (Pers. ex J. F. Gmel.) Roussel］，异名大孢白锈（*Albugo macrospora*）。

病菌菌丝无分隔，在寄主细胞间隙扩散蔓延。孢囊梗短棍棒状，单胞无色，呈栅栏状排列（彩图1），大小为（18～40）微米×（8～17）微米，顶端着生孢子囊（彩图2）。孢子囊球形、椭圆形，无色单胞，壁薄而等厚（彩图3），大小为（8.0～23.9）微米×

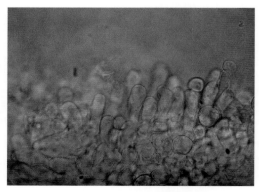

彩图1　孢囊梗呈栅栏状排列

（8.0 ～ 18.9）微米。

藏卵器近球形、不规则形，无色壁薄，大小为（42 ～ 62）微米 × （39 ～ 60）微米。雄器侧生，肾形，无色，大小为（14.5 ～ 32.5）微米 × （6.5 ～ 12.5）微米。卵孢子近球形，褐色，成熟时外壁瘤状、乳突突起，大小为（30 ～ 55）微米 × （30 ～ 55）微米。

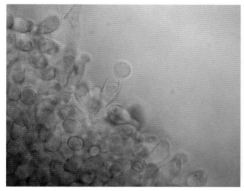
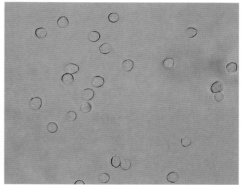

彩图2　孢囊梗顶端着生孢子囊　　　　　彩图3　孢子囊

2　萝卜白锈病田间发病症状

萝卜白锈病主要为害萝卜的叶片。发病初期，叶片正面初现淡绿色至白色小斑点，后变黄色（彩图4）；叶背长出稍突起、圆形至不规则形、直径1 ～ 5 毫米的乳白色疱状孢子堆（彩图5），孢子堆单生或群生（彩图6）。通常，孢子堆呈环形排列（彩图7），湿度大时，偶见孢子堆穿透叶片，出现在叶片正

彩图4　萝卜叶片正面出现淡黄色病斑　彩图5　萝卜叶片背面产生乳白色疱状孢子堆

面，但体积较小（彩图8）。有的孢子堆周围有黑色线圈，外围具淡黄色晕圈（彩图9），或周围呈"绿岛"。后期病斑连接成片，正面为黄绿色、边缘不明显的不规则斑，背面疱斑表皮破裂，散出白色粉状物，为病菌孢子囊。受系统侵染的植株叶片变厚、肉质、白化、扭曲或卷曲。当苗期发生系统侵染，整株表现矮小。萝卜茎部染病，茎肥肿且弯曲成"龙头"状，其上长有椭圆形或条状乳白色疱斑。萝卜花柱染病，也会肿大畸形为"龙头"，花瓣变为绿色叶状肿大；花轴染病，呈肿大、弯曲或锯齿状扭曲。

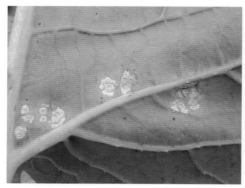

彩图6　萝卜叶片背面孢子堆单生或群生

彩图7　萝卜叶片背面孢子堆呈环形排列

彩图8　萝卜叶片正面出现疱状孢子堆

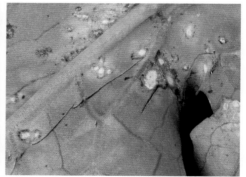

彩图9　孢子堆周围有黑色线圈，外围具淡黄色晕圈

3　萝卜白锈病发生规律

　　白锈病病原菌以菌丝体在留种株上或作物病残体中越冬，或以卵孢子在土壤中越冬，少量附着于种子上越冬。干燥条件下，卵孢子在病组织中可存活

20多年。带菌的病残体和种子是主要的初侵染源，翌年当温度为10～20℃，相对湿度大于70%时，卵孢子萌发产生孢子囊和游动孢子，借雨水溅到下部叶片上，游动孢子萌发长出芽管，从气孔侵入，引起初次侵染。发病部产生孢子囊和游动孢子，通过气流、雨水、机械和人为传播，形成再次侵染。作物成熟期，病部产生的卵孢子是主要的侵染物。花蕾期侵染是系统侵染的主要原因。

萝卜白锈病的发生受到地理和多种环境因子的影响，如地理纬度、地势海拔、温度、降水强度和病原基数等。该病多在纬度或海拔高的低温地区和低温年份发生，春、秋两季发生多。温度12～15℃，相对湿度大于70%时，间歇性雨水容易诱发该病发生。多日照、少雨天气下，病害的发病率下降。此外，栽培管理不当、连作、偏施氮肥、种植过密、田间通风透光性差及排水不良都会加重病害发生。

4 萝卜白锈病防治措施

4.1 种子包衣

种子包衣处理是从源头预防和控制病害发生的重要途径。用2.5%咯菌腈悬浮种衣剂进行种子包衣，包衣使用剂量为种子量的0.4%～0.5%，包衣后晾干播种，可有效降低卵孢子萌发引起的初侵染，延迟田间病害的发生时间。

4.2 农业防治措施

（1）清洁田园　田间及时清除十字花科杂草，及早拔除病株，带出田外处理，以减少田间菌源。

（2）栽培管理　合理轮作，可与非十字花科作物实行1～2年轮作，病害暴发后，实行至少3年轮作，以减少病原菌积累；培育壮苗；合理密植，以利通风透光；适时中耕松土，通气、保肥；夏季适当深耕，暴晒土壤可以消灭病原菌休眠体；适量浇水，雨后开深沟及时排水，降低田间湿度；施足基肥，适时适量追肥，避免偏施氮肥，进而促进植株健壮生长，增强其抗病能力。

4.3 化学药剂防治

植株叶片上初现孢子堆后，应及时进行药剂防治，可喷施50%烯酰吗啉可湿性粉剂1 800～2 500倍液，或45%苯并烯氟菌唑·嘧菌酯水分散粒剂2 000～2 500倍液，或48%霜霉·氟啶胺悬浮剂1 000～1 500倍液，或50%锰锌·氟吗啉可湿性粉剂800～1 200倍液，或72%霜脲·锰锌可湿性粉剂600～1 000倍液，或20%氰霜唑悬浮剂1 500～2 000倍液，或70%唑醚·丙森锌可湿性粉剂1 000～1 500倍液等，每隔7～10天 喷雾1次。为避免抗药性产生，每种化学药剂使用次数不得超过3次，可以几种化学药剂交替使用，防治效果会更好。

白菜丝核菌茎基腐病的发生特点及防控策略

  白菜丝核菌茎基腐病是近几年大白菜生产中逐渐发展起来的病害，在内蒙古、辽宁、山东、湖北、天津、黑龙江、云南、河北等地呈现出蔓延的趋势，并常被误认为细菌性软腐病。白菜丝核菌茎基腐病主要为害白菜的叶柄，导致叶柄腐烂，品质降低，产量下降，其区别于细菌性软腐病的特征是腐烂斑为褐色，无臭味。2015 年 5 月，中国农业科学院蔬菜花卉研究所菜病综防课题组在云南地区进行病害调查发现，该病在云南各地普遍发生，田间症状表现为白菜菜帮脱落严重，茎基部出现腐烂，当地菜农称之为"脱落病"，严重时可减产 60%～80%。

1　发病症状

  白菜丝核菌茎基腐病主要为害白菜叶柄，初期从叶柄基部发病，病斑大小为 1～4 厘米，病斑浅褐色且中间着生小黑点（彩图 1），逐渐扩大凹陷成褐色至深褐色大斑（彩图 2），有时病斑表面呈现隐约的轮纹，湿度大时病斑上密生灰白色菌丝，逐渐聚集成团，并形成褐色菌核，后期叶柄腐烂（彩图 3、彩图 4）。

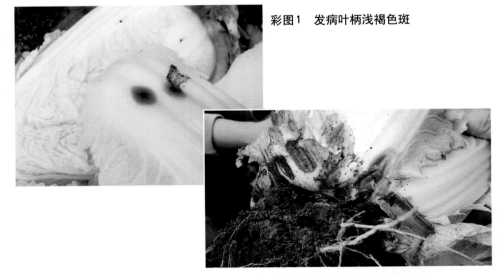

彩图1　发病叶柄浅褐色斑

彩图2　发病茎基部褐色大斑

彩图3　茎基部腐烂

彩图4　发病后期，全株腐烂

2　病原菌

传统认为，白菜茎基腐病为细菌性病害，病原菌为软腐病菌，也就是常说的大白菜软腐病。但经过采样鉴定，确定引起该白菜根腐病的病原菌为立枯丝核菌（*Rhizoctonia solani*）（彩图5），属真菌性病害。因此，在这里提醒广大生产者，引起白菜根部及叶柄腐烂症状的不一定是细菌性软腐病。

立枯丝核菌（*Rhizoctonia solani*），无性型属于丝孢纲（Hyphomycetes）无孢目（Agonomycetates）丝核菌属（*Rhizoctonia*），该病原菌寄主十分广泛，可侵染约43个科263种植物。病原菌不产生分生孢子，主要以菌丝体传播和繁殖。目前，根据病原菌之间菌丝是否融合，将立枯丝核菌主要分成14个菌丝融合群，21个融合亚群。侵染大白菜引起茎基腐病的立枯丝核菌为AG-1IB亚群。

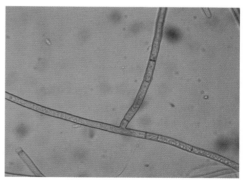

彩图5　立枯丝核菌菌丝显微图

3　影响发病的因素

3.1　初侵染源

病原菌主要借菌丝或菌核在土壤或病残体内越冬、存活。菌丝体或菌核可黏附在种子表面，也是病菌传播的重要初侵染源。另外，该菌也可侵入种子内部，于种子萌发后侵染植株。

3.2　传播途径

土壤中的菌丝或菌核可借灌溉水传播。初侵染后，病部长出致病力较强的气生菌丝，可借雨水、灌溉水、农具及带菌肥料再次传播，扩大为害。此外，不当的农事操作，也会造成病原菌的传播。

3.3 温度

白菜丝核菌茎基腐病发病的适宜温度为13 ～ 42℃，发病温度范围较广。菌核在温度17℃以上开始萌发，最适萌发温度为30℃，土壤温度在20℃以上时菌丝开始侵染。

3.4 湿度

菌核萌发需要98%以上的高湿条件，病菌侵入需要保持一定时间的饱和湿度或自由水。当土壤湿度维持在最大持水量的20%～ 60%时，菌丝的腐生能力最强。

3.5 栽培条件

连作、植株缺钾均易发病，土壤湿度偏高、土质黏重、透气性差以及排水不良的低洼地块发病重；在移栽或中耕过程中伤根较多的情况下，植株也易感病；使用未经腐熟的肥料，也有利于病菌侵染。

4 综合防治措施

4.1 种子消毒

播种前种子消毒是预防该病发生的重要措施。可在50℃的水中浸泡20 ～ 30分钟，晾干后播种；也可用种子质量0.3%的50%福美双可湿性粉剂拌种，可以有效减少种子带菌率。

4.2 清洁田园

菌源的多少与发病严重程度密切相关。在生产收获后，要及时清除病残体和杂草，减少初侵染源。

4.3 加强栽培管理

在白菜植株生育期间，及时拔除病苗、清理病叶等，并带出田外销毁，减少传播蔓延；雨后中耕破除板结，使土壤疏松通气，增强白菜幼苗的抗病能力。

4.4 药剂防治

白菜丝核菌茎基腐病应以预防为主，尤其是在雨水频发的季节，要及时预防，并且在发现染病植株后尽早防治。可用5%井冈霉素可溶粉剂800倍液，或9%吡唑醚菌酯悬浮剂1 500 ～ 2 000倍液，或60%唑醚·代森联水分散粒剂2 000倍液，或240克/升噻呋酰胺悬浮剂3 000 ～ 4 000倍液，或250克/升嘧菌酯悬浮剂1 500 ～ 2 000倍液进行全株喷淋结合灌根防治。每隔7天叶面喷雾防治1次，整个生长季每种药剂至多连续施用 2 ～ 3次，注意药剂交替使用，延缓抗药性产生。

警惕：十字花科根肿病如此猖獗，防控技术要掌握

十字花科根肿病是由芸薹根肿菌（*Plasmodiophora brassicae* Woron.）侵染引起的一种专性寄生的世界性病害，该病引起作物主根和侧根形成大量肿瘤，阻碍根系吸收水分和营养，严重者整株枯死，素有"十字花科癌症"之称。我国北至黑龙江，南至四川、云南等省均有分布，造成严重的经济损失。而根肿菌休眠孢子可在土壤中存活10年以上，土壤一旦带菌将不再适宜栽植十字花科作物，严重威胁十字花科作物的可持续发展。

近年来，随着十字花科蔬菜栽培面积的扩大和世界范围的种子流通，根肿病在世界范围内日趋严重，尤其在欧洲、北美、日本等地，根肿病已成为一种主要病害，给十字花科蔬菜生产造成严重威胁。在我国，山东、浙江、上海、江苏、江西、安徽、福建、湖南、湖北、广东、广西、云南、辽宁、吉林、黑龙江、北京、西藏、四川、贵州等地均有发生。由于该病具有传染性强、传播速度快、传播途径多、防治困难等特点，使得该病在我国迅速蔓延。掌握该病原菌的传播途径对于防治十字花科作物根肿病以及推进十字花科蔬菜的可持续生产具有十分重要的意义。

1 根肿病田间症状

根肿病菌主要侵染植株的地下部分，根形成肿瘤（彩图1、彩图2），主

彩图1 白菜根肿病发病症状　　彩图2 萝卜根肿病发病症状

根的肿瘤较大，侧根的肿瘤小而数量多。发生初期肿根表面光滑，后期粗糙、龟裂，最后腐烂。病株生长迟缓，植株矮化，并表现缺水症状，叶片常常中午萎蔫，早晚恢复（彩图3），后期叶片发黄、枯萎，严重时全株枯死（彩图4）。

农户经常将其误判为根结线虫病，二者区别是：根肿病植株根瘤较大（彩图5），只侵染白菜、甘蓝、油菜、萝卜等十字花科作物；而根结线虫侵染的植株，须根和侧根形成近球形的串珠状根结（彩图6），不仅发生在十字花科作物上，还会出现在瓜类、茄果类等作物上。

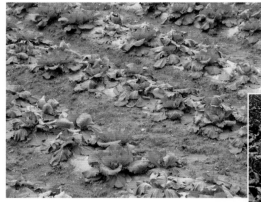

彩图3　大白菜根肿病植株萎蔫

彩图4　根肿病植株全株枯死

彩图5　甘蓝根肿病发病症状

彩图6　黄瓜根结线虫病

2　病原菌

芸薹根肿菌（*Plasmodiophora brassicae* Woron.）属根肿门根肿菌属，其休眠孢子囊在寄主根部薄壁组织内形成（彩图7），休眠孢子球形、卵形（彩图8），适宜条件下萌发形成游动孢子，侵染寄主，刺激寄主薄壁细胞膨大，形成肿瘤。

芸薹根肿菌属于专性寄生菌，在植株根部繁殖速度快，传播速度快，抗逆性强，发病后很难防治。

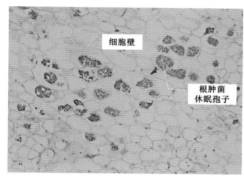

彩图7　根肿菌侵染皮层薄壁细胞

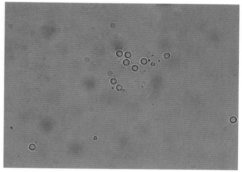

彩图8　芸薹根肿菌休眠孢子

3　十字花科蔬菜根肿病的带菌来源

十字花科蔬菜根肿病的病原菌通常以休眠孢子囊（通常称休眠孢子）黏附在植物的种子、病残体上，或者散落在田间、土壤中越冬和越夏；部分病原菌的休眠孢子在未腐熟的粪肥中存在，随着有机肥的施用带入田间。休眠孢子囊在土壤中的存活能力很强，一般至少可以存活8年，环境适宜时可以存活15年以上，越冬和越夏后的休眠孢子可在田间进行传播。

4　十字花科蔬菜根肿病传播途径

4.1　病原菌近距离传播

（1）雨水及灌溉水传播　病原菌的休眠孢子随雨水及灌溉水在田间由高地势向低洼地势传播，例如：高山种植的十字花科作物发生根肿病，土壤中根肿菌的休眠孢子会随雨水或灌溉水的地表径流传到山下或者地势较低洼的田地，同时，大雨及流水也能把带菌泥土传送到较远的地区。

（2）土壤中的线虫及昆虫传播　病原菌的休眠孢子可以借助土壤中的线

虫、昆虫等的活动在田间近距离传播。

（3）农事操作传播　农事操作人员在发生根肿病的田块进行农事活动后携带病残体及病土，使病原菌在本田传播，同时也可以从一块田地传到另一块田地，耕地时农机具携带病残体或者带有根肿菌的土壤，也是造成根肿病菌在田间近距离传播的途径之一。

（4）土粪肥传播　病区的土壤中含有大量的病残及休眠孢子，施用未充分腐熟的土粪肥时，会把大量的病原菌带入田中导致无病田块发病。所以，也是造成该病原菌近距离传播的途径之一。

4.2　病原菌远距离传播

（1）育苗基质传播　带菌育苗基质能够作为初侵染源，使十字花科蔬菜幼苗发生根肿病，而且基质带菌量越高根肿病发病越严重。使用含有根肿病菌的基质，随着育苗基质商品化调运，可造成病菌远距离传播。

（2）带病植株传播　带病植株在大范围内远距离的调运是十字花科根肿病菌远距离传播的主要途径。

（3）农事操作传播　农机具携带病残体及带菌的土壤远距离移动，也是造成该病原菌远距离传播的途径之一。

（4）病原菌黏附在种子上传播　由于根肿病是一种土传的根部病害，只侵染十字花科作物的根部，病原菌休眠孢子借助风等自然因素黏附在十字花科作物种子或其他作物的种子表面，随着种子在大范围内的广泛流通造成远距离传播。

（5）商品菜根部携带病土及病残体传播　随着蔬菜产业的不断蓬勃发展，十字花科蔬菜常作为反季节蔬菜在市场上流通，但由于十字花科蔬菜大多是带根部或局部根部进行运输的，这就为根肿菌的传播创造了机会，病残体及带菌的土壤会随着商品菜的运输进行远距离传播。跨县、市、省运送十字花科蔬菜的车辆，将疫区的蔬菜运到无病区，是造成无病区发病的原因之一。

5　防治方法

5.1　选择抗病品种

近年来，我国加强了对十字花科抗根肿病品种的选育工作，目前已培育出商品化抗根肿病品种，如CR-惠民、金锦系列、京春CR1、华双5R等。但根肿菌存在明显的生理分化现象，抗病品种有很强的小种专化性，需根据当地发生根肿菌生理分化类型，选择适宜的抗病品种种植。

5.2 严格种子处理

对于植株带菌造成的传播，要坚决把好育苗关，杜绝带菌苗定植。播前晒种并去掉弱病粒，用55℃的温水浸种15分钟，再用10%氰霜唑悬浮剂2 000 ~ 3 000倍液浸种10分钟，用水洗净后播种。

5.3 基质消毒处理

为了解决育苗基质带菌引发病害的问题，相对有效的方法是根据种植蔬菜品种及易发病害种类，在育苗基质中拌入相应杀菌剂，预防病害的发生。可用50%氟啶胺悬浮剂5 000倍液或10%氰霜唑悬浮剂2 000倍液喷淋带菌基质并混合均匀，预防基质带菌引起十字花科根肿病的发生。由于不同作物对药剂的敏感性不同，应用于商业基质消毒前，需要先进行小范围的消毒效果验证和安全性试验，再大量应用。

5.4 加强田间管理

很多农户缺乏病害预防的观念，常将病株随手乱丢，造成病原菌在田间大量残留。对于携带病残体造成的传播，应加强发病植株病残体的管理，认真拔除病株并携出田外烧毁，在病穴四周撒消石灰，防止病菌蔓延。病残体不可作厩肥或堆肥，施用有机肥必须充分腐熟。农事人员及农机具在农事活动后，应及时对鞋子、衣服及农机具等进行消毒或清洗，防止将病原菌带入无病田块。

5.5 生物防治

由于十字花科蔬菜根肿病病原菌具有很强的抗逆性，在土壤中存活时间长，因此，采用生防菌防治根肿病成为目前研究的热点。目前，有一些生防效果较好的生防菌，包括枯草芽孢杆菌、茎点霉属真菌、枝顶孢属真菌和灰红链霉菌等。枯草芽孢杆菌以及黏帚霉等生防菌已经有商品化产品存在，为根肿病的田间控制提供了新的契机。

5.6 化学防治

（1）苗床消毒　对于苗床育苗，在育苗前对苗床进行消毒，可用10%氰霜唑悬浮剂3 000倍液对苗床泼地消毒（淋土深度15厘米左右）。

（2）基于定型纸钵育苗的局部定点控制技术　利用装有含药基质（50%氟啶胺悬浮剂，50克/米^{3}拌基质，或75%百菌清可湿性粉剂150克/米^{3}拌基质）的专用可降解无纺布袋进行育苗、移栽，在作物根部形成局部保护圈，以阻碍土壤中的病原菌侵染植株根部，达到防治十字花科根肿病的目的。

（3）灌根施药防治技术　田间发病初期，可用100克/升氰霜唑悬浮剂2 000倍，或50%氟啶胺悬浮剂5 000倍，或75%百菌清可湿性粉剂2 000倍进行灌根防治。

十字花科蔬菜细菌性黑腐病为何频繁发生？专家有话说

十字花科蔬菜细菌性黑腐病 [*Xanthomonas campestris* pv. *campestris*（Dowson）Pye et al.] 是一种世界范围内普遍发生的细菌性病害。我国20世纪70年代即有该病发生，80年代全国各地普遍流行，北起黑龙江，南至海南均有分布。近年来，随着我国菜田复种指数的普遍提高，十字花科蔬菜细菌性黑腐病的发病程度和发病概率也呈现上升趋势。目前，国内外市场上用于防治细菌性黑腐病的化学药剂较少，虽然利用枯草芽孢杆菌进行生物防治已经取得一定成效，但其防效容易受菌株、环境条件、土壤类型、作物类型等多种因素影响。因此，掌握十字花科蔬菜细菌性黑腐病的发生规律和防治技术对于控制该病的大规模发生，具有十分重要的意义。

1 十字花科蔬菜细菌性黑腐病症状

1.1 幼苗期发病症状

子叶感病，病原菌从叶缘侵入引起发病，初呈黄色萎蔫状（彩图1），之后逐渐枯死。幼苗发病严重时，可导致幼苗萎蔫、枯死或迅速蔓延至真叶（彩图2）。真叶感病，形成黄褐色坏死斑，病斑具明显的黄绿色晕边，病健界线不明显，且病斑由叶缘逐渐向内部扩展，呈V形（彩图3），部分叶片发病后向一边扭曲（彩图4）。

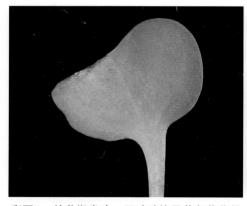

彩图1 幼苗期发病，子叶叶缘呈黄色萎蔫状　　彩图2 幼苗子叶和真叶严重发病

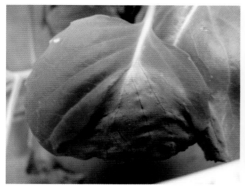

彩图3　幼苗真叶发病形成 V 形病斑

彩图4　甘蓝成株期从叶缘发病

1.2　成株期发病症状

病原菌以多种形式侵染植株，主要为害叶片，被害叶片呈现不同发病症状。病原菌多从叶缘处的水孔侵入引起发病，形成 V 形的黄褐色病斑，病斑周围具黄色晕圈（彩图5），病健界线不明显。病原菌还可沿叶脉向内扩展，形成黄褐色大斑并且叶脉变黑呈网状（彩图6）。病原菌还可通过害虫取食或机械操作造成的伤口侵染，形成不规则形的黄褐色病斑（彩图7）。此外，病原菌沿侧脉、主脉、叶柄进入茎维管束，并沿维管束向下蔓延，在晴天时可导致植株萎蔫，傍晚和阴天时恢复。在田间，病害发生严重时，外部叶片可多处被侵染（彩图8）。球茎受害时维管束变为黑色或腐烂，但无臭味，干燥时呈干腐状。种株发病，病原菌从果柄维管束进入角果，或从种脐侵入种子内部，造成种子带菌。花梗和种荚上病斑椭圆形，暗褐色至黑色，与霜霉病的症状相

彩图5　甘蓝叶片上的 V 形病斑

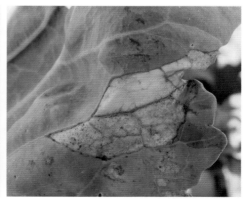

彩图6　甘蓝叶片上干枯的坏死斑

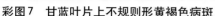

彩图7　甘蓝叶片上不规则形黄褐色病斑　　　彩图8　甘蓝黑腐病在田间的发生

似，但在湿度大时产生黑褐色霉层，有别于霜霉病。留种株发病严重时叶片枯死，茎上密布病斑，种荚瘦小，种子干瘪。

2　十字花科蔬菜细菌性黑腐病病原菌

　　十字花科蔬菜细菌性黑腐病病原菌，也称甘蓝黑腐病原菌或野油菜黄单胞杆菌野油菜致病变种，病原学名为*Xanthomonas campestris* pv. *campestris*（Dowson）Pye et al.（简称Xcc）。Parnmel于1895年首先确定了该菌在瑞典芜菁和甘蓝上的致病性，并将这种病菌命名为*Bacillus campestris*，之后，黑腐病菌的病原学名经历了长期的历史演变，Pye 等人于1980年将该病原菌正式定名为*Xanthomonas campestris* pv. *campestris*（Dowson）Pye et al.。

　　该致病菌能侵染多种十字花科作物，现代植物细菌学先驱欧文·史密斯在有关该病害的病原和寄主范围方面作出了巨大的贡献，将该病害的寄主范围拓展至大白菜、花椰菜、甘蓝、油菜、萝卜和黑芥。之后的研究表明，Xcc还存活于其他十字花科作物、杂草和观赏植物上。

　　黑腐病病原菌为黄单胞杆菌属细菌。在牛肉汁琼脂培养基上培养48小时，菌落近圆形，初呈淡黄色，后变蜡黄色（彩图9），边缘完整，略凸起，薄或平滑，具光泽，老龄菌落边缘呈放射状。菌体杆状，大小为（0.7～3.0）微米×（0.4～0.5）微米，

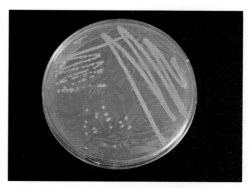

彩图9　牛肉汁琼脂培养基上菌落形态

极生单鞭毛，无芽孢，有荚膜，可链生，革兰氏染色阴性，不抗酸，好气性。病菌生长发育温度范围5～38℃，最适温度25～30℃，致死温度51℃持续10分钟，耐干燥，在干燥条件下可存活一年以上。

3 十字花科蔬菜细菌性黑腐病的发生规律

3.1 初侵染源

（1）带菌种子 十字花科蔬菜细菌性黑腐病是一种种传病害，种子带菌率为0.03%时就能造成该病害的大规模暴发。在染病的种株上，病菌可从果柄维管束或种脐进入种荚或种皮使种子带菌，种子是该病的重要的初侵染源之一。

（2）土壤及病残体 在田间，黑腐病菌可以存活于土壤中或土表的植株病残体上，该病原菌在植株 病残体上存活时间长达2～3年，而离开植株残体，该细菌在土壤中存活时间不会超过6周，带菌的植物病残体是该病在田间最主要的初侵染源。

（3）杂草 尤其一些十字花科杂草是细菌性黑腐病菌的寄主，如芜菁、印度芥菜、黑芥、独行菜、荠菜、野生萝卜、大蒜芥、毛果群心菜等，田间及田块周围的带菌的杂草也是该病的初侵染源之一。

3.2 传播途径

（1）种子传播 从黑腐病侵染循环中可以看出，种子是病害发生的重要初侵染源，由于商品种子的快速流通，使得该病在我国大面积发生。在温室条件下，将人工接种获取的带菌甘蓝种子播于育苗钵中，长出的甘蓝幼苗叶片向一边扭曲，叶片边缘出现典型的V形病斑（彩图10）。

（2）雨水、水滴飞溅和灌溉水传播 雨季来临时，随着雨水的地表径流以及雨滴的飞溅，导致该病原菌传播到感病寄主上，从伤口、气孔以及水孔进行侵染；田间灌溉时，灌溉水水滴飞溅将土壤、病残中的病原菌传播到感病寄主上进行侵染。在潮湿条件下，叶缘形成吐水液滴，病菌聚集在吐水液滴中，水滴飞溅也可导致病原菌传播到相邻植株上。

彩图10 甘蓝种子人工带菌后，幼苗发病

（3）生物媒介传播 田间昆虫取食感病植株，可将该病原菌传播至其他作物导致感病。此外，部分昆虫取食时在作物叶片上造成伤口，为病原菌的侵

染也创造了条件。

（4）农事操作传播　植株种植过密或生长过旺时进行农事操作，使株间叶片频繁接触摩擦造成大量伤口，增加了病原菌侵染的机会。农事操作人员在操作后未及时更换鞋子、手套以及对农机具消毒等，使得病原菌从有病株传播到无病株，或传播到另一个田块，使得该病原菌在田间传播蔓延。同时，不恰当的农事操作也会造成病原菌在田间进一步传播，如田间病残体及杂草未及时清除或清除后仍然堆放于田块周围，没及时进行焚烧或深埋等处理，进一步增加了该病原菌传播与侵染的机会。

3.3　流行因素

细菌性黑腐病在温暖、潮湿的环境下易暴发流行。地势低洼、排水不良，尤其是早播、与十字花科作物连作、种植过密、管理粗放、植株徒长、虫害发生严重的田块发病较重。在温室条件下，幼苗感病后温度长时间低于15℃，则不会表现出发病症状。若此感病植株被移栽到田间或者温室温度升高到25 ～ 35℃，且相对湿度达80% ～ 100%时，幼苗就会发育不良，在子叶上形成坏死斑并最终枯萎死亡。因此，在气候比较凉爽的条件下，感病幼苗的发病症状和发病程度通常不明显。

4　十字花科蔬菜细菌性黑腐病的防治技术

针对上述细菌性黑腐病初侵染来源及传播途径，可以从以下几个方面制定相应的综合防治策略，防止细菌性黑腐病的传播和蔓延。

4.1　农业防治

目前，农业防治仍然是细菌性黑腐病防控的最主要方式。

（1）使用无菌种子且对种子进行消毒　从无病田或无病株上采种。播前对种子进行消毒，用50℃温水浸种25分钟以杀死种子表面携带的多种致病菌。

（2）注意田园清洁　发现发病作物或杂草，应立即拔除，并将其深埋或带到田块外烧毁。

（3）加强田间管理　平整地势，改善田间灌溉系统，与非十字花科作物轮作，避免种植过密、植株徒长，加强田间虫害的防控。

4.2　药剂防治

细菌性病害传播很快，短时间内就能在生产田中造成大规模的暴发流行。对该病害的防治应以预防为主，在作物发病前或发病初期施药，能较好地控制病害的发生和病原菌的传播。

（1）生物防治　使用生物农药，发病前可以使用60亿芽孢/毫升解淀粉芽孢杆菌LX-11悬浮剂300 ～ 500倍液，或100亿芽孢/克枯草芽孢杆菌可湿性粉剂1 200 ～ 1 500倍液进行喷雾预防，预防用药间隔期10 ～ 15天。

（2）化学防治　目前，对细菌性黑腐病防效较好的药剂种类较少，发病初期可以使用50%氯溴异氰尿酸可溶粉剂1 500 ～ 2 000倍液，或3%中生菌素可湿性粉剂600 ～ 800倍液，或2%春雷霉素可湿性粉剂600 ～ 1 000倍液，或77%氢氧化铜可湿性粉剂400 ～ 500倍液，或20%噻唑锌悬浮剂600 ～ 800倍液，或20%噻森铜悬浮剂600 ～ 800倍液，间隔期7 ～ 10天喷雾防治。大白菜对该类药剂表现敏感，用药量及用药时间应严格掌握，中午及采收前禁止用药，否则易造成药害。

阴雨天气，请注意"菠菜霜霉病"的侵袭

菠菜霜霉病是由粉霜霉菠菜专化型引起的一种世界性真菌病害。近年来，随着菠菜需求量的不断上升，其种植面积也在不断地加大，但连续种植使得菠菜霜霉病的发生呈上升趋势，特别是受到低温多雨、连续阴天等不良外界条件的影响，发病率显著增高，且 传播速度快，病原菌生理小种的不断出现也给病害的防治带来一定的困难，造成产量损失惨重，严重影响了菜农的正常生产和收益。因此，掌握菠菜霜霉病的病原诊断、发病规律及其防治技术，对控制该病的发生具有重要意义。

1　发病症状

菠菜霜霉病广泛发生于世界各种植区，主要为害叶片，发病初期叶片产生淡绿色小点（彩图1），边缘不明显，后形成褪绿病斑（彩图2），进一步扩大成不规则淡黄色病斑（彩图3），直径3 ～ 17毫米，后期湿度大时在叶背面形成灰紫色霉层（彩图4），严重时霉层连成片（彩图5）。夜间有露水时易发病，病斑从植株下部向上不断延伸；低温高湿条件下发病最严重，干旱时叶片枯黄，湿度大时叶片腐烂，最终导致植株变黄枯死。

彩图1　发病初期叶片产生淡绿色小点

彩图2　边缘不明显，形成褪绿斑

彩图3　不规则淡黄色病斑

彩图4　后期湿度大时在叶背面形成灰紫色霉层

彩图5　霉层连成片

2　病原菌

菠菜霜霉病的病原菌为粉霜霉菠菜专化型（*Peronospora farinosa* f. sp. *spinaciae* Byford），属卵菌门霜霉科霜霉属。孢囊梗基部膨大（彩图6），5～8次二叉状锐角分枝，大小（200～500）微米×（8～12）微米。孢子囊卵圆形至椭圆形、浅褐色（彩图7），大小25微米×19微米。卵孢子球形，黄褐色，直径35～38微米。

霜霉菌是一种专性寄生菌，只能在菠菜活体植株上存活，具有生理分化现象。该病原菌存在多个生理小种。生理小种发展缓慢，直到1991年才鉴定出4个菠菜霜霉病菌生理小种。2000年之后，菠菜育种不断发展，新的生理小种不断上升，到目前为止，已经分离鉴定出16个菠菜霜霉病菌生理小种。

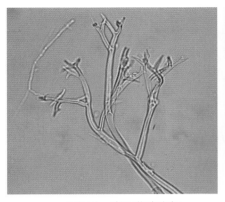

彩图6　病原菌孢囊梗　　　　　　　　彩图7　病原菌孢子囊

3　发病规律

菠菜霜霉病病原菌以菌丝体在秋播菠菜病叶、种子上或以卵孢子形式在土壤中病残体上越冬，翌年春、秋季，当环境条件适宜时产生孢子囊，常附着在叶片表皮毛上借助气流、雨水、机械和人为的传播不断蔓延。当外界条件适宜时，萌发产生芽管，从叶片的气孔和表皮侵入，发病后又在病部产生孢子囊，进行再侵染。温度6～10℃、高湿大时有利于菠菜霜霉病的发病。在种植密度高的菠菜种植区，如遇到连续的多雨降温天气，极易造成菠菜霜霉病的大暴发；当温度高于26℃时病害的发展则会受到抑制。

4　菠菜霜霉病综合防治技术

针对菠菜霜霉病的发病规律，可以从以下几个方面制定相应的综合防治策略，防止菠菜霜霉病的传播和蔓延。

4.1　农业防治

（1）加强田间管理　播种前应及时彻底清除残株落叶，精细整地，施足充分腐熟的有机肥，提高植株抗病能力；与不同作物实行2年以上的轮作；合理密植、科学浇水，防止大水漫灌，加强放风，降低湿度；早春及时观察田间症状，及时拔除发病植株，防止病害蔓延。

（2）选用无病种子　研究发现一般感病品种种子带菌率都比较高，种子内潜伏菌丝可以造成幼苗局部侵染，因此应选健壮植株留种，防止种子带病传播。

4.2　化学防治

若种子带菌，可用种子质量0.3%的25%甲霜灵可湿性粉剂拌种消毒。植株发病前或发病初期，每亩用45%百菌清烟剂220克均匀放在垄沟内，将棚密闭，点燃烟熏，次日早晨再进行通风。发现小面积发病植株后，及时喷洒72%霜脲·锰锌可湿性粉剂800～1 200倍液，或72.2%霜霉威盐酸盐水剂800～1 200倍液，或50%烯酰吗啉水分散粒剂2 500～3 000倍液，隔7天喷1次，连喷2～3次。各药剂交替使用，防止产生抗药性。

芹菜斑枯病和叶斑病傻傻分不清？教你"快精准"识别

斑枯病和尾孢叶斑病是芹菜种植区的主要病害，保护地及露地栽培均有发生，对芹菜的产量和品质产生较为严重的影响，往往造成巨大的经济损失。春、秋两季低温高湿、昼夜温差大，有利于芹菜斑枯病和尾孢叶斑病发生。为了更好地控制芹菜斑枯病和尾孢叶斑病，现对这两种病害的症状、病原菌、发生规律及防治方法进行介绍。

1　症状识别

1.1　芹菜斑枯病

芹菜斑枯病又称晚疫病、叶枯病，俗称"火龙"。该病主要为害叶片，也为害叶柄和茎。叶片发病可出现两种症状：一种是老叶先发病，后传染到新叶上，叶上病斑多散生，大小不等，最初为淡褐色油渍状小点，后逐渐扩大，中部呈褐色坏死，病斑边缘明显，呈深褐色，中间散生少量小黑点（彩图1）。另一种病斑早期症状与前一种相似，后期中部呈黄白色或灰白色，边缘聚生很多黑色小粒点，病斑外常具一圈黄色晕环，且病斑直径不等（彩图2）。茎部染病多形成褐色病斑，略凹陷，病部散生黑色小点（彩图3）。

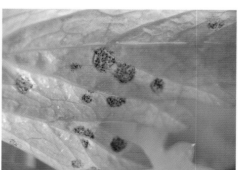

彩图1　芹菜斑枯病叶部被害状（1）

彩图2　芹菜斑枯病叶部被害状（2）

彩图3　芹菜斑枯病茎部被害状

1.2　芹菜尾孢叶斑病

芹菜尾孢叶斑病主要为害叶片，也为害茎和叶柄。植株受害时，首先在叶边缘发病，逐步蔓延到整个叶片，病斑初为黄绿色水渍状小点，后扩展成近圆形或不规则灰褐色坏死斑，边缘不明显，呈深褐色，不受叶脉限制（彩图4）。空气湿度大时病斑上产生灰白色霉层，即病菌分生孢子梗和分生孢子，严重时病斑扩大成斑块，最终导致叶片变黄枯死。茎或叶柄受害时，病斑椭圆形，开始时为黄色，逐渐变成灰褐色凹陷，茎秆开裂，后缢缩、倒伏，温度高时亦产生灰白色霉层（彩图5）。

彩图4　芹菜尾孢叶斑病叶部被害状

彩图5　芹菜尾孢叶斑病茎部被害状

2 病原菌鉴定

2.1 芹菜斑枯病菌

病原菌无性型为芹菜生壳针孢（*Septoria apiicola* Speg.）。分生孢子器球形，生于寄主表皮下，大小（87.0～155.4）微米×（25.0～56.0）微米，遇水从孔口逸出大量分生孢子（彩图6）。分生孢子线形，无色透明，直或弯曲，顶端稍钝，0～7个分隔，多为3个，大小（20.0～31.0）微米×（1.2～3.0）微米（彩图7）。分生孢子萌发时，隔膜增多或断裂成若干段，每段均产出芽管。

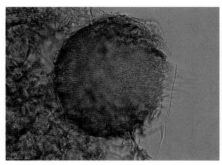
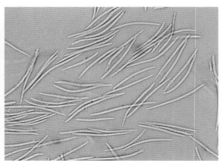

彩图6　芹菜斑枯病分生孢子器逸出分生孢子

彩图7　芹菜斑枯病分生孢子

2.2 芹菜尾孢叶斑病菌

病原菌无性型为芹菜尾孢（*Cercospora apii* Fresen.）。子实体两面生，子座较小，暗褐色。分生孢子梗束生，每束2～11根，榄褐色，顶端色淡，近截形，多不分枝，具膝状弯曲，脐点显著，具0～2个隔膜，大小（30.0～87.5）微米×（2.5～5.5）微米（彩图8）。分生孢子无色，针形，直或弯曲，顶端较尖向下膨大，基部近截形，孢痕明显，具2～9个隔膜，大小（55.9～217.5）微米×（3.1～5.6）微米（彩图9）。

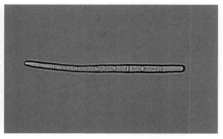

彩图8　芹菜尾孢叶斑病分生孢子梗

彩图9　芹菜尾孢叶斑病分生孢子

3　发生规律

3.1　芹菜斑枯病

病菌主要以菌丝体潜伏在种皮内或病残体及病株上越冬。种皮内病菌可存活1年以上。带菌种子出苗后幼苗即染病，产生分生孢子，在育苗床内传播蔓延。在病残体上越冬的病菌遇适宜条件便产生分生孢子和分生孢子器，借风雨、农事操作传播，进行初侵染。病菌从气孔或表皮直接侵入植株体内，寄主发病后产生分生孢子器，释放分生孢子，进行重复再侵染。分生孢子萌发温度9～28℃，发育适温20～27℃，高于27℃生长发育缓慢；致死温度为48～49℃。芹菜斑枯病在冷凉和高湿条件下易发生，田间发病的最适温度为20～25℃。芹菜生长期多阴雨天气、昼夜温差大可使植株叶片结露，病害发生严重。

3.2　芹菜尾孢叶斑病

病菌以菌丝体附着在种子或病残体上越冬。春季条件适宜时产生分生孢子，通过气流、雨水及农事操作传播，从气孔或表皮直接侵入植株体内，病部产生新的分生孢子进行再侵染，周而复始一直延续到秋末。病菌发育适温25～30℃，分生孢子萌发适温28℃左右。高温多雨或高温干旱，夜间叶片结露持续时间长，易发病。芹菜生长期缺水、缺肥、浇水过多发病重。在幼苗期、成株期均可发病，以成株受害较重。北京地区一年四季均可发生，1月上旬为温室芹菜叶斑病的始发期，2月中旬至3月中旬发生较重；8～9月为露地病害流行高峰期，10月中下旬随着气温的降低病害进入衰退期。

4　防治技术

4.1　农业防治

（1）轮作　有计划地安排2～3年轮作换茬，以减少初侵染源。

（2）种子处理　用48～50℃温水浸种30分钟，再用凉水浸泡降温后晾干播种，也可采用药剂浸种。防治芹菜斑枯病可用75%百菌清可湿性粉剂700倍液浸种4～6小时；防治芹菜叶斑病可用50%福美双可湿性粉剂600倍液浸种50分钟。

（3）分期播种　可有效避开发病高峰期，降低发病率，减少菌源。

（4）适当密植　栽植过密或间苗除苗不及时，常造成通风不良，株间湿度大，易发病。

（5）加强田间管理　看苗追肥浇水，基肥要充足，追肥要增施磷钾肥，控制氮肥的用量，农家肥要充分腐熟。保护地芹菜栽培，白天温度控制在

15 ～ 20℃，高于20℃及时放风，夜间10 ～ 15℃，缩小昼夜温差，减少结露；切勿大水漫灌，防止湿度过大或农用膜结露珠、水滴。发病初期及时清除病叶、病茎等，带到田外集中沤肥或深埋销毁，以减少菌源，收获后彻底清除田间病残落叶。

4.2 药剂防治

发病前及发病初期，保护地可选用45%百菌清烟剂，每亩用量200 ～ 250克，隔5天左右熏1次，连熏2 ～ 3次。芹菜叶斑病发病初期可用10%苯醚甲环唑水分散粒剂1 000 ～ 1 500倍液，或80%甲基硫菌灵可湿性粉剂1 200 ～ 1 500倍液，或25%嘧菌酯悬浮剂3 500 ～ 4 500倍液，或25%咪鲜胺乳油1 500 ～ 2 000倍液在发病前或初期叶面喷雾，每隔5 ～ 7天喷1次，连喷2 ～ 3次。

持续低温降雨天气来袭，叶菜类蔬菜菌核病防控莫放松

菌核病是近年来在芹菜、生菜、莴笋等叶菜类蔬菜上发生较为严重的一种病害，常引起植株叶部和茎基部腐烂。随着蔬菜产业的发展，菌核病在我国各个叶菜类蔬菜种植区的露地和保护地栽培中普遍发生，已成为影响我国叶菜类蔬菜生产的重要病害之一。自然条件下，菌核病病原菌可以菌核的形式混杂于种子中，也可随病残体或以菌核的形式残留在土壤中度过不良环境，当条件适宜时即可萌发并传播蔓延，并可随着带病幼苗传到健康田块，防治难度比较大。病害一旦发生，严重影响叶菜类蔬菜的质量，给种植者造成巨大的经济损失。因此，掌握菌核病的发生规律和防治技术，对控制该病的大规模发生具有重要的意义。

2011 年，河北省张家口市赤城县样田乡农民种植的生菜大面积发病，幼苗即开始发病，栽种到田间后，生菜生长停滞，不久即死亡。当地农民于5月23日亲自送病样到中国农业科学院蔬菜花卉研究所菜病综防课题组请求帮助，经鉴定该病害为菌核病。

1 发病症状

菌核病在整个生育期均可发病，主要为害叶柄和茎基部。幼苗期感染病原菌后，育苗田块会出现大面积的幼苗猝倒（彩图1）。成株期茎基部受害呈水渍状褐色凹陷（彩图2），发病植株容易拔起，拔出后可见根部变褐（彩图3），

后期茎基部呈湿腐状，表面生出白色菌丝（彩图4）。病害继续向上发展，靠近地面的叶片和叶柄最先感病（彩图5），逐渐向上部蔓延形成叶腐。气候干燥时，叶片呈干腐状（彩图6），湿度大时，叶片呈湿腐状腐烂，上面生浓密的白色棉絮状菌丝，后期形成鼠粪状黑色菌核（彩图7），致植株腐烂或枯死。

彩图1　发病育苗田幼苗猝倒

彩图2　芹菜菌核病茎基部受害状

彩图3　生菜菌核病发病幼苗根部变褐

彩图4　受害处湿腐，表面生白色菌丝

彩图5　发病叶柄处呈水渍状

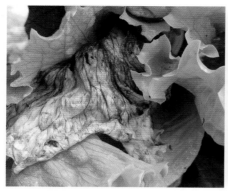

| 彩图6　叶片发病后呈干腐状 | 彩图7　病部形成鼠粪状黑色菌核 |

2　病原菌

　　菌核病的病原菌为核盘菌 [*Sclerotinia sclerotiorum*（Lib.）de Bary]，属于子囊菌门柔膜菌目核盘菌科核盘菌属真菌。病原菌在PDA培养基上，菌丝茂盛，呈白色棉絮状。在显微镜下观察，菌丝无色、纤细，具有明显的分枝和较多的隔膜，病原菌不产生无性孢子。

　　在田间和培养条件下均能产生菌核，菌核长椭圆形至不规则形，成熟后为黑色，大小为（5～18）毫米×（2～6）毫米，形状及大小与着生部位有关。条件适宜时，菌核可萌发产生具有长柄的褐色子囊盘，形成子囊孢子传播。

　　核盘菌寄主范围广泛，可寄生在包括菜豆、南瓜、西葫芦、黄瓜、辣椒、茄子、萝卜、豌豆、紫云英、向日葵、胡萝卜、芹菜、十字花科蔬菜等60个科350多种草本植物上，并且寄主有进一步扩大的趋势。

3　发生规律

3.1　初侵染源

　　（1）种子带菌　菌核混杂在种子间或黏附在种子上越冬、越夏或度过寄主中断期，随播种带菌种子进入田间，遇到适宜温湿度时，菌核便萌发产生子囊盘，释放出子囊孢子进行传播蔓延，种子带菌是健康育苗田块病原菌的主要来源。

　　（2）土壤带菌　发病部位形成的菌核脱落到土壤中度过不良环境，菌核在土壤中至少可存活2年，遇到适宜条件时萌发进行初侵染。土壤中有效菌核数量对病害发生程度影响很大，新建保护地或轮作棚室土壤中残存菌核少，发病轻，反之发病重。

（3）病残体带菌　植株发病后期，在病茎和病叶上形成大量菌核。残留在田间病残体上的菌核随病残体在土壤中长时间存活，越冬或越夏后在适宜条件下萌发产生子囊盘，释放出子囊孢子进行侵染，或直接萌发产生菌丝进行侵染。

（4）种苗带菌　带病种苗远距离调运是无病地区的主要初侵染源，种苗带菌率对新建保护地和轮作田块的病害发生程度影响很大。

3.2　传播途径

（1）农事操作传播　田间种植过密，植株生长过旺，使得植株间容易接触，增加了病原菌的传播概率，此外由于接触摩擦造成伤口，也增加了病原菌的侵染机会；菜农在积累大量病原菌的田块进行操作后，没有对鞋子或农具进行消毒，再到无病原菌或病原菌少的田块进行农事操作，把病原菌传播到相对健康的田块。

（2）雨水和灌溉水传播　土壤中的菌核和其萌发产生的子囊孢子可借雨水飞溅或随灌溉水在田间进行传播。另外由于菌核病对湿度要求较高，降雨或浇水后，空气湿度变大，也为病害的发生创造了良好的外部环境。

（3）气流传播　在温、湿度适宜时，越冬或越夏后的菌核便萌发产生子囊盘，形成子囊和子囊孢子，成熟的子囊盘展开后，弹射出子囊孢子，随气流传播、扩散进行初侵染。气流传播是核盘菌的主要传播方式之一。

3.3　影响发病的因子

（1）温度　该病害对温度要求不是很严格，在9～35℃均能发生，菌核萌发的最适温度为15℃左右；子囊孢子萌发的适温为5～10℃；菌丝生长的最适温度为20℃左右。在田间条件下，温度在15～20℃利于菌核萌发和菌丝生长、侵入及子囊盘产生，因此病害发生最为严重。温度高于30℃时，病原菌难以侵入寄主组织，病害发生的程度急剧下降；当温度高于35℃时，该病害不能发生。

（2）湿度　菌核病的发生对湿度要求较高，当田间相对湿度在80%以上时开始发病，低于80%不能发病。田间相对湿度在95%以上时病害严重发生，尤其是在生菜种植的莲座期至开花期灌水次数多或一次性灌水量太大，均可造成湿度过高而利于发病。

4　防治技术

4.1　无病种苗定植

用无病土和健康种子育苗，移栽前检查种苗发病情况，剔除带病种苗。另外，可在定植前用50%腐霉利可湿性粉剂1 500倍液喷淋植株，杜绝带菌苗定植。

4.2 加强栽培管理

（1）收获后及时清洁田园，清除田间病残体并带出田间深埋。

（2）施用充分腐熟的有机肥，改良土壤，促进植株生长，提高植株的抗病能力。

（3）深翻畦土，通过深耕将遗落土中的菌核翻耕入地面20厘米以下，使其不能产生子囊盘或子囊盘不出土。

（4）灌水并覆盖地膜可减轻病害的发生。经高温水泡后，菌核失去萌发能力；覆盖地膜可以阻止地表菌核萌发产生子囊孢子的传播，从而减少侵染。

（5）适时中耕除草，增施磷钾肥，科学浇水，杜绝大水漫灌。

（6）有条件的地方，可以选择与葱蒜类蔬菜实行3年以上轮作。

4.3 药剂防治

播种前可以使用25克/升咯菌腈悬浮种衣剂1.5～2毫升/千克种子进行拌种处理。田间发病前建议使用生物农药进行预防，可以使用40亿孢子/克盾壳霉ZS-1SB 800～1 000倍液定期预防用药，预防用药间隔期15～20天。发病后要及时清除中心病株，并进行药剂防治。发病初期可选用25.5%异菌脲悬浮剂1 000倍液，或50%啶酰菌胺水分散粒剂2 000倍液，或50%腐霉·福美双可湿性粉剂1 000倍液喷雾防治，喷施部位主要是芹菜、生菜等叶类蔬菜的茎基部和近地面叶片。

低温高湿小环境，莴苣霜霉病大发生

莴苣（*Lactuca sativa* L.）又名生菜、莴笋，随着需求的增大，莴苣的种植面积也是逐年增加。随之而来，栽培茬口的安排越来越紧凑，病虫害的发生呈上升趋势。莴苣霜霉病作为一种流行性强、传播快且毁灭性强的病害，一旦发生轻则降低莴苣的产量和品质，重则影响菜农的经济收入。

1 田间发病症状

莴苣发病初期在叶片出现褪绿变黄的病斑（彩图1），当外界环境持续低温高湿时，会产生水渍状、半透明的坏死斑（彩图2），病斑比周围健康组织薄，叶背面病斑仍可见白色霜状霉层（彩图3）；病斑多受叶脉限制，呈不规则多角形；发病中期湿度大时，叶片背面和正面会产生大量的白色霜状霉层

（彩图4），即病原菌的孢囊梗和孢子囊。

彩图1　发病初期叶片上褪绿黄色病斑

彩图2　水渍状、半透明的坏死斑

彩图3　叶背面病斑可见白色霉层

彩图4　发病中后期，叶片背面和正面产生大量白色霉层

2　病原菌

莴苣霜霉病的病原菌为莴苣盘霜霉（*Bremia lactucae* Regel），属藻物界卵菌门霜霉科霜霉属。该病原菌菌丝无隔，无色，寄生于细胞间隙，产生囊状的吸器伸入寄主细胞内吸取营养。无性态产生孢囊梗，孢囊梗单生或丛生，2～3根从气孔伸出。孢囊梗主干基部稍膨大，主轴长，上部叉状分枝3～5次，末枝顶端膨大成盘状，边缘生2～4个小梗（彩图5）。孢子囊近球形，单孢，无色（彩图6）。

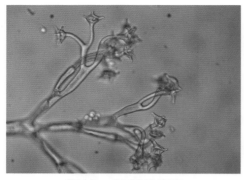 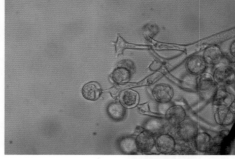

彩图5　病原菌孢囊梗　　　　　　　　　彩图6　病原菌孢子囊

3　造成莴苣霜霉病发生严重的原因

3.1　病菌传播途径多种多样

莴苣霜霉病属低温高湿型病害，种植过密，通风透光差，氮肥施用过多的田地发病严重。病原菌以菌丝形式在病株组织内或以卵孢子随病残体在土壤中越冬，成为下茬或翌年初侵染源。翌年环境条件适宜时，萌发产生游动孢子借气流、雨水及灌溉水传播，从寄主表皮或气孔侵入，引起初侵染，形成病斑，受害部位产生新的孢子囊，并借气流传播进行再侵染。

3.2　种植季节冷凉，棚室中湿度大易结露，利于病原菌的繁殖

病原菌菌丝发育温度为 1～19℃，孢子囊形成最适温度为6～10℃，适宜发病温度范围为 1～ 20℃。在大棚中，若通风不良、浇水多、排湿不及时、多雨多雾及相对湿度在95%以上时病害极易流行。

3.3　连茬导致病原菌在棚室中形成持续积累的菌源，易造成严重为害

"种菜不倒茬(轮作)，枉费犁和耙"。"一乡一品"导致部分地区常年连作莴苣，棚室环境中病原菌有连续寄主，是其发生速度快、为害严重的主要原因。

3.4　传统喷雾施药方法忽略了空气中存在的病原菌

传统喷雾施药法增加了棚室湿度，高湿导致霜霉病发生更加严重。莴苣霜霉病菌主要靠气流和雨水传播，传统喷雾施药仅作用于叶面，对于环境空间与地面病原不能有效处理，使得病原菌能够二次侵染。

4　防治措施

4.1　选用抗病品种

抗霜霉病莴苣品种表现出一定的地方性，因此在选品种时，一定要因地制

宜，选用在当地表现抗病的品种。

4.2　加强田间管理

多发地区可与非菊科作物实行2年以上轮作；发病较重时注意病株的清除和病残处理；低湿地宜高畦栽培，如遇雨天，应及时清沟排渍，少淋施，多露晒，避免营造高湿的环境。

4.3　合理用药，及时防治

（1）定植前用药　播种前可用50%烯酰吗啉可湿性粉剂2 000倍液淋施植株根际土。此外，还可用0.1%种子质量的35%甲霜灵拌种剂拌种。

（2）传统化学防治技术　莴苣植株发病后要及时清除发病植株再进行施药，可选用50%烯酰吗啉可湿性粉剂1 000～1 500倍液，或72%霜脲锰锌可湿性粉剂1 500倍液，或68.75%氟菌·霜霉威悬浮剂800倍液，或10%氟噻唑吡乙酮可分散油悬浮剂5 000倍液等，每隔7～10天喷施1次，连喷2～3次。注意叶正面和叶背面都要喷施，重点喷施叶背面。同时注意不同类型药剂交替使用，避免产生抗药性。

（3）弥粉法施药防治技术　环境中病原菌的存在是莴苣霜霉病大发生的重要原因。空间有大量病菌，通过气流传播，会使得植株大量染病。精量电动弥粉机喷粉施药不但能杀死植株上的病菌，还可以有效杀灭空间中存在的病原菌。可以选用超细75%百菌清可湿性粉剂100克/亩，或50%烯酰吗啉可湿性粉剂50克/亩配合精量电动弥粉机施用防治。

草莓病害

CAOMEI BINGHAI

草莓花梗与萼片变红，原来都是灰霉病

灰霉病是设施草莓生产的一种常见病害，为害日益严重。草莓发生灰霉病后，一般减产20%～30%，重的50%以上，甚至绝收。草莓灰霉病主要为害花器、果实、叶柄和叶片，不同部位表现症状不尽相同。由于田间环境的多变性及品种差异，近年来草莓灰霉病不断表现出一些新的症状。

1 发病症状

1.1 花器发病症状

灰霉病在花器上的侵染为害症状主要表现为两种类型。

第一种类型：幼嫩的花器容易感病（彩图1），花器侵染初期花萼出现水渍状针眼大的小斑点，随后扩展成近圆形或不规则形、暗褐色病斑，通过花萼逐渐延伸侵染子房及幼果，最后导致幼果上出现水浸状、淡褐色小斑点（彩图2）。随着斑点进一步扩大，全果变软，上生灰色霉状物。

第二种类型：花萼背面呈红色（彩图3），果实停止发育，形成僵果（彩图4），病害往往为害整个花序，果枝变红，在田间造成较大的为害，严重影响草莓的产量和品质。此种类型的灰霉病与传统灰霉病症状差异较大，应引起足够重视，以免耽误病情。

彩图1　幼嫩花器染病状

彩图2　由萼片开始侵染果实

彩图3　花萼背面呈现红色　　　　彩图4　果实发育停止形成僵果

1.2　果实发病症状

果实染病多发生在青果上，侵染初期在果实上出现水浸状病斑，病害进一步扩展形成褐色病斑（彩图5），并且病原菌向果实内部纵向侵染。在雨天、浓雾或高湿的环境下，病斑迅速扩展，并且在病果上形成灰褐色霉层（彩图6），加速病害的传播。空气干燥时病果呈现干腐状，加速果实的脱落。

彩图5　果实上形成褐色病斑　　　　彩图6　果实表面密布灰褐色霉层

1.3　叶片发病症状

染病的花瓣脱落到叶片上或靠近地面的叶片容易染病，初期在叶片上形成水渍状小斑点，后向外扩展，形成灰褐色水渍状大斑，部分病斑具有轮纹，最后蔓延到整个叶片，导致叶片腐烂、干枯，病斑部位后期形成灰褐色霉状物（彩图7）。

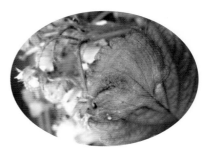

彩图7　叶片病斑处产生灰褐色霉状物

1.4 叶柄发病症状

染病的花瓣落到叶柄处引起叶柄发病，染病初期叶柄颜色变浅，形成水渍状小斑，扩展后呈长椭圆形，在湿度大的条件下表面会着生灰白色霉层（彩图8）。

彩图8 叶柄发病部位着生灰褐色霉层

2 病原菌

草莓灰霉病病原菌为灰葡萄孢菌（*Botrytis cinerea* Pers.），属子囊菌门柔膜菌目核盘菌科葡萄孢属真菌。病部出现的灰色粉状物即为病菌的分生孢子梗和分生孢子。分生孢子梗褐色，细长，直立，分枝或不分枝，端部细胞膨大如球形，顶端具1～2次分枝，分枝顶端密生小柄，其上生大量分生孢子，分生孢子聚生成葡萄穗状，卵圆形或近圆形，无色或灰褐色，单胞，（7.5～17.5）微米×（7.5～12.5）微米（彩图9）。病菌在PDA培养基上生长速度快，菌落从点向四周辐射生长，菌丝由稀疏到稠密，表面生绒毛，灰白色（彩图10）。

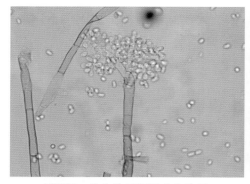

彩图9 分生孢子梗及分生孢子

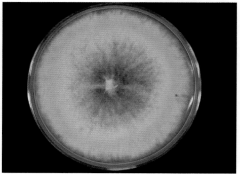

彩图10 病原菌培养状

3　发生规律

3.1　初侵染源

灰葡萄孢菌主要以菌丝体、菌核和分生孢子在土壤及病残组织上越冬。近年来研究表明，几乎所有草莓灰霉病越冬菌源均来自草莓茎、叶等病残体上附着的菌丝体。条件适宜时，菌丝体萌发，产生分生孢子梗和大量的分生孢子进行侵染和传播。初侵染的病斑，其上灰色霉层产生大量分生孢子，引起多次重复侵染，扩大危害，造成病害流行。

3.2　传播途径

分生孢子主要通过气流、雨水和田间农事操作进行传播，当田间湿度合适时，依附在植株上的分生孢子长出芽管，通过植株的伤口、气孔开始侵染。从发病部位产生的分生孢子可以靠气流或农事操作而传播，进行循环侵染。

（1）气流传播　田间湿度较大时发病部位产生大量的分生孢子，分生孢子脱落后随着风力传播到其他健康植株上，形成侵染循环。

（2）雨水和灌溉水传播　地表残存病残体上和土壤中附着的菌丝体在条件适宜时萌发，产生分生孢子梗和大量的分生孢子，通过雨水迸溅及灌溉水传播到其他健康植株，进行侵染，带来病害的传播蔓延。

（3）田间农事操作　田间种植密度较大时，操作人员在田间的走动及整枝、打杈等田间农事操作容易对草莓植株造成损伤，增加病原菌侵染的机会。同时操作人员的走动容易加速带菌残花的脱落，加速病害的传播。

3.3　田间发生规律

病菌喜低温、高湿的环境，最适感病生育期为始花至坐果期，发病的最适温度是 18 ~ 23℃，相对湿度 80% 以上时开始发病，每天 90% 以上的高湿达到 8 小时以上时，该病菌就能够完成侵染、扩展与繁殖。如遇到春寒、连阴天和光照不足的天气，温室内空气湿度长时间处于 90% 以上，以及田间积水、栽培密度过大、通风不良等环境条件十分有利于草莓灰霉病的发生。同时田间氮肥施用量过高、土壤黏重、多年连作的地块也利于灰霉病的发生。

4　综合防治

目前，由于缺少抗病品种加之反季节栽培条件适宜于草莓灰霉病发生，因此草莓灰霉病的控制应做好前期的预防工作。在始花期前开始进行防治，要做到预防为主，综合防治。在此前提下可以通过生态及农业栽培措施、生物和化学药剂防治两个方面进行草莓灰霉病的综合控制。

4.1 生态及农业栽培措施

（1）培育无病壮苗　实施苗床消毒，严格控制育苗条件，加强苗期水肥管理，培育壮苗、无病苗，从源头控制灰霉病的发生。

（2）深沟高垄，膜下暗灌　改变传统平畦种植习惯，采用深沟高垄栽培技术，垄面用黑色地膜覆盖，滴灌管铺设于膜下，这既可以减少灌溉用水量，又可以降低空气湿度，提高地温，创造不利于灰霉病发生的环境。地膜覆盖同时可以阻止植株和果实与地面接触，阻隔了土壤中的病菌向植株传播，能够有效降低叶片及果实的发病率。

（3）调节温室环境条件　由于草莓灰霉病属于低温高湿病害，因此可以通过调节温室内叶片和果实的着露量和着露时间来预防灰霉病的发生。严格控制棚内的温度、湿度是防止草莓灰霉病发生的重要措施之一，草莓进入花期以后，白天棚内温度应控制在25℃以上，夜间温度控制在12℃以上，在此温度范围内可适当延长通风时间，保持棚内空气的相对湿度在60%～70%。

（4）加强田间管理　发病初期及时清除病花、病果、病叶，拔除重病植株，防止病原菌进一步扩散到其他部位。拉秧后及时清除落叶，病僵果，降低田间土壤带菌量，减轻次年发病率；加强光温、肥水调节，增施腐熟有机肥，合理调节磷、钾肥比例；有条件的地块实行轮作倒茬，适宜草莓轮作倒茬的有葱、韭菜、蒜及十字花科蔬菜、菊科蔬菜等。

4.2 化学药剂防治

（1）喷雾法防治　发病前建议使用生物农药或植物源农药进行预防，可以使用20% β-羽扇豆球蛋白多肽可溶液剂400～600倍液，或2 000亿cfu/克枯草芽孢杆菌可湿性粉剂2 000～2 500倍液，或2亿孢子/克木霉菌可湿性粉剂400～600倍液定期喷雾预防，预防用药间隔期15～20天。

发病初期及时用药，可用50%腐霉利可湿性粉剂1 500倍液，或50%啶酰菌胺水分散粒剂2 000倍液，或42.4%唑醚·氟酰胺悬浮剂2 500倍液，或43%氟菌·肟菌酯悬浮剂2 500～3 000倍液，或500克/升氟吡菌酰胺·嘧霉胺悬浮剂1 000～1 500倍液喷雾防治。喷雾时，重点喷施残花、叶片、叶柄和果实。由于灰霉病菌容易产生抗药性，要注意交替轮换用药或药剂混合施用，有利于提高药效，延缓抗药性的产生。

（2）弥粉法防治　连续阴雨天，可提前或全程使用精量电动弥粉机配合超细100亿孢子/克枯草芽孢杆菌进行喷粉防治，用量为100克/亩。

草莓白粉病为害严重，果农应该怎么办

草莓白粉病属于空气传播型病害，容易大面积暴发。我国于1959年首次在沈阳农学院温室草莓上发现白粉病。目前，草莓白粉病已经成为为害我国草莓种植和草莓果实采后贮藏的主要真菌病害之一，特别是保护地草莓，发生更为严重，病叶率常在45%以上，病果率50%以上，严重影响草莓的产量、品质和经济效益。

1　发病症状

白粉病可为害草莓叶片、叶柄、花、果实及果梗。草莓叶片发病初期，在叶面长出薄薄的白色菌丝层，随病情加重，叶缘逐渐向上卷起，叶片上产生大小不等的暗色污斑和白色粉状物，后期呈红褐色病斑，叶片边缘萎蔫，焦枯。花蕾和花感病后，花瓣变为红色，花蕾不能开放。果实感病后，幼果不能正常膨大、干枯，果面覆有一层白色粉状物，失去光泽并硬化（彩图1、彩图2）。

彩图1　草莓果实着生白色霉层

彩图2　白色粉状物使草莓果实失去光泽并硬化

2　病原菌

草莓白粉病菌属于专性寄生菌，为羽衣草叉丝单囊壳菌（*Podosphaera*

aphanis），属子囊菌门白粉菌目白粉菌科叉丝单囊壳属。无性阶段为粉孢菌（*Oidium fragariae*），属粉孢属。

3 影响温室草莓白粉病发生的因素

3.1 栽培品种

不同草莓品种对白粉病的抗性不同，种植易感品种，白粉病发生严重。

3.2 气候条件

草莓白粉病发病适宜温度为15 ～ 25℃，忽干忽湿的环境中发病重。病原菌分生孢子在适宜条件下潜育7天即可发育成熟，再度反复侵染为害，导致受害面扩大，损失严重。

3.3 侵染特点

草莓白粉病菌为专性寄生菌，该病菌可在植株各个部位寄生，也可在草莓植株全年寄生潜伏，一旦条件满足，即可发生。

3.4 栽培管理

施肥状况与病害关系密切，偏施氮肥，草莓生长旺盛，叶面大而嫩绿易患白粉病；大棚连作草莓发病早且重。

4 防控方法

4.1 加强栽培管理

培育壮苗，选用健壮、无菌苗定植；发现病枝、病果，轻轻摘下，用袋子带出田外，集中烧毁或深埋，减少田间病原基数；病害发生期果农之间尽量少"串棚"，避免人为传播；采取地面整体覆盖黑色地膜，有利于提高地温，降低湿度，以及采用膜下滴灌技术，可有效避免棚膜积水或者滴水，减轻发病；晴天温度高时，棚室要通风换气，尽量降低棚室湿度，阴天也应适当短时间开棚换气降湿，降低病害发生。

4.2 轮作

可与十字花科、豆类作物轮作，减少田间病原基数。注意茄科作物与草莓有共同的病害，不宜作为轮作作物。

4.3 化学防治

对于草莓白粉病的防治，按照"预防为主，综合防治"原则，加强对该病发生的测报，做到早发现、早处理，以免后期无法控制。发病前可以定期喷施100亿cfu/克枯草芽孢杆菌可湿性粉剂1 000 ～ 1 500倍液进行预防用药。田间发病初期可用50%醚菌酯水分散粒剂3 000 ～ 4 000倍液，或20%吡唑醚菌酯水分散粒剂2 000 ～ 2 500倍液进行防治，病害严重为害时可以使用4%四氟醚唑水乳剂1 000 ~ 1 500倍液，或30%氟菌唑可湿性粉剂4 000 ~ 5 000倍液，或29%吡萘·嘧菌酯悬浮剂1 500 ~ 2 500倍液，或43%氟菌·肟菌酯悬浮剂1 500倍液，或25%乙嘧酚磺酸酯悬浮剂800 ~ 1 200倍液喷雾防治，每隔5 ~ 7天用药1次，连续用药2 ~ 3次。喷药要均匀周到，叶面、叶背都要喷到；防治药剂应交替使用，以防止或延缓病菌产生抗药性；要严格掌握用药安全间隔期，确保草莓食用安全。

病害诊断与防控新技术

BINGHAI ZHENDUAN YU
FANGKONG XINJISHU

手把手教你"简易诊断蔬菜细菌性病害"技术

在生产实践中，农民和相关从业人员，对蔬菜细菌性病害的田间识别主要是通过发病症状进行诊断，但植物病害的发生是致病菌、寄主和环境共同作用的结果，土壤、环境温湿度、轮作作物等环境条件的差别可能导致病原物积累、发病症状甚至致病菌自身发生变化，这样，一种病害表现的症状就不一而足。因此，单是凭借症状识别细菌病害可能不够准确，容易误诊。在很多时候，人们的传统认识还拘泥于病斑水渍状、流脓、腐烂等就是细菌病害的固定模式中，实际上，这种认识是不够科学严谨的。笔者在广泛采集标本镜检、鉴定的基础上发现，很多生理性病害也会有细菌病害的常见症状，比较可靠的方法是利用显微镜对病部进行显微诊断，根据有无病原细菌菌体溢出（简称菌溢，切开感病组织后，组织液中有大量繁殖的细菌溢出）来判别细菌病害，这是比较科学的方法，也很简单易行。

在蔬菜生产中，茄果类青枯病、瓜类细菌性果腐病、十字花科软腐病及马铃薯环腐病都是常见的为害性较强的细菌病害，也是世界性的重要病害，造成了巨大的经济损失。仅2009年8～9月发生在贵州省修文县的番茄溃疡病造成的番茄绝产就达66.7公顷。所以，在农业生产中，对细菌病害的正确识别尤为重要，早期发现、对症下药，可减少一定的经济损失。

细菌性病害主要侵染植株的叶片、果实和根茎部等器官。现以黄瓜角斑病［由丁香假单胞菌流泪致病变种（*Pseudomonas syringae* pv. *lachryrnan*）引起］病叶和番茄青枯病［由茄科雷尔氏菌（*Ralstonia solanacearum*）引起］病茎为例，来具体介绍如何对病叶和病茎切片显微观察菌溢。首先，工具的准备，其中包括光学显微镜、解剖刀、载玻片、盖玻片、滴管、无菌水、滤纸（或纱布）等（彩图1）。

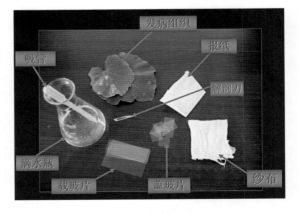

彩图1　检样工具

1 叶部细菌病害显微观察（以黄瓜角斑病为例）

1.1 切片的制作

采集新鲜的植株感病叶片（彩图2）。取一块干净的载玻片，在中间滴1滴清水（最好是饮用纯净水），不宜过多，1滴即可。在病健交界处（发病组织和健康组织的交界处），用干净（纱布擦拭即可，没有纱布，面巾纸擦拭也可以）的刀片（实验室专用切片刀片，男士刮胡刀片也可）切取大约5毫米见方的组织（彩图3）置载玻片的干燥处，用刀片将切下的组织按"十"字形划成4小块（彩图4），以破坏被侵染组织，使其中的细菌大量释放（细菌引起的感病组织中定会有大量的细菌存在，破坏组织可使其快速溢出）。将刀尖蘸少量水，以黏附小的切片组织置于水滴中（彩图5）。再将盖玻片的一侧触到水滴

彩图2　感病叶片

彩图3　切取病健交界处组织

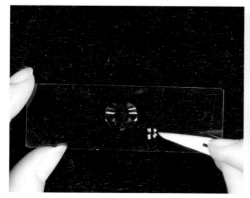

彩图4　按"十"字形切分

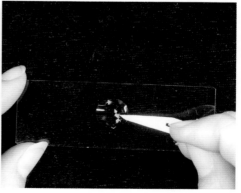

彩图5　沾取切片组织于水滴中

彩图6　盖玻片一侧触及水滴

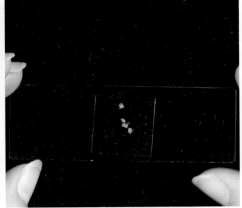

彩图7　盖好盖玻片

（彩图6），轻轻盖上盖玻片，注意避免气泡的产生，使清水在盖玻片下充分展开（彩图7）。用吸水纸吸干多余的水。

1.2　显微镜观察

把做好的切片放在低倍显微镜下观察（物镜10倍即可）（彩图8），切片上的感病组织置于光源投射的中心，调节粗准焦螺旋直到切片与目镜的距离最近，缓慢调节细准焦螺旋，使载物台缓慢下降，视野中若有物质一晃而过时即停止调节，调回原来的位置，移动到病组织边缘，即可见溢出的大量云雾状细菌菌体。灯光不宜过亮，调暗视野更易观察。若想观察更清楚，可转换到高倍镜下观察，适当调亮视野。

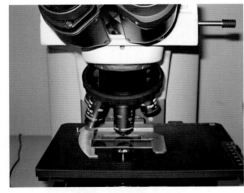

彩图8　显微镜下观察

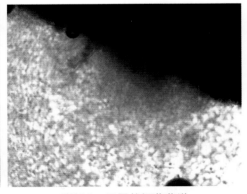

彩图9　云雾状细菌菌溢

感病组织菌溢非常明显时，把做好的切片对准灯光，或放在黑色背景下，肉眼即可见白色向外扩展的细菌菌溢（彩图9）。

2　根茎部细菌病害显微观察（以番茄青枯病为例）

2.1　切片的制作

采集一段新鲜的植株感病茎部。取一块干净的载玻片，在中间滴1滴清水，找到茎表皮的感病处（内部一般有病灶），用无菌的双面刀片纵剖，可见感病变色的木质部或韧皮部，纵向切取薄薄的一小片感病的内部组织（彩图10），置载玻片的干燥处，用刀片切去切片中健康部分（主要是白色没有病变的组织），再将感病组织切成几块。将刀尖蘸少量水，沾取小的切片组织置于水滴中，将盖玻片的一侧触到水滴，轻轻盖上盖玻片，注意避免气泡的产生。因为茎部组织较厚实，1滴水可

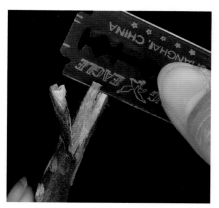

彩图10　纵向切取感病内部组织

能无法完全浸润感病组织，可从盖玻片边缘酌量滴入少许水，使感病组织在盖玻片下充分展开浸润。用吸水纸吸干多余的水分。

2.2　显微镜观察

观察方法同叶部细菌病害。

3　生理病害与细菌病害显微诊断区别

彩图11　黄瓜泡状斑点病（叶正面有黄白色小泡状凸起）

生产中，有些生理性病害也会表现出水渍状、流脓、腐烂等症状，如常见的黄瓜泡状斑点病（彩图11）、辣椒脐腐病等，都很容易与细菌性病害发生混淆。为了便于大家更好地识别细菌性病害，现以黄瓜泡状斑点病为例，将镜检制片结果与被病原细菌侵染的感病组织进行对比，便于大家进一步掌握如何正确地诊断和区别细菌病害与生理病害。

发生黄瓜泡状斑点病的病叶正面

有黄白色小泡状凸起，叶背面病斑周围水渍状（彩图12），所以生产中很容易被误认为细菌病害。通过病组织切片显微观察，确认其没有菌溢（彩图13），与细菌病害病组织切片对比观察，区别更为明显。这也充分说明对蔬菜细菌病害的简易诊断，显微观察是真正科学和实用的方法。

彩图12　黄瓜泡状斑点病叶背面病斑周围水渍状

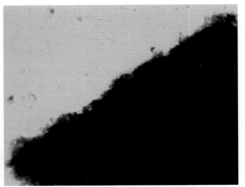

彩图13　无菌溢

恼人的根结线虫，如何通过土壤消毒技术消灭

土传病害一直是设施蔬菜病虫害防治工作中的一个难点。由于保护地蔬菜常年连作，有利于土传病原菌的积累，其危害呈逐年上升的趋势，已经成为保护地蔬菜高产优质的一个重要制约因素。

1　设施蔬菜根结线虫的发生

1.1　发生状况

在北方日光温室中，由于一年四季轮换种植蔬菜，给病原线虫提供了必要的营养和生存条件，随着种植年限的增加，土壤中根结线虫数量逐年增多，给蔬菜生产造成巨大损失。根结线虫主要为害蔬菜的地下根部，尤其侧根及须根更容易受害。根结线虫寄主范围十分广泛，蔬菜中以瓜类（黄瓜、丝瓜、甜瓜等）（彩图1）、茄果类（番茄、茄子等）受害较重（彩图2），严重时植株萎蔫死亡（彩图3、彩图4）。

彩图1　黄瓜根结线虫为害状

彩图2　番茄根结线虫为害状

彩图3　黄瓜植株萎蔫死亡

彩图4　番茄植株萎蔫死亡

1.2　病原

为害蔬菜的根结线虫种类较多，其中南方根结线虫占发生总量的77%，大多数蔬菜种植区均有分布，是我国蔬菜生产上的最主要的病原线虫种类；爪哇根结线虫和花生根结线虫主要分布于气候较温暖的华南和华东地区，在华北的部分地区也有记录；而北方根结线虫和象耳豆根结线虫则分别局限于山东和海南地区。现将南方根结线虫形态特征简述如下：

雌成虫：固定寄生在寄主根内，呈鸭梨形或卵形，乳白色，大小（0.44～1.59）毫米×（0.26～0.81）毫米。口针也比较长，ST = 16.4（15.0～17.3）微米，口针基球的形态有一定的变化，大多数横向长，纵向窄，前缘平，与基杆有明显界线。但也有少数口针基球横向较窄，前缘向后倾斜，与基杆的分界不太清楚。背食道腺开口到口针基球的距离长，DGO = 4.1（2.8 ～ 5.0）微米。会阴花纹形状多种多样，似乎没有一种类型占主导地位。

雄虫：口针基球扁球状，前缘平或有凹陷，与基杆分界明显。背食道腺开口距口针基球的距离中等，DGO = 3.1（2.1 ～ 4.0）微米。

幼虫：一龄幼虫在卵内孵化，蜕皮后破壳而出为二龄幼虫，虫体线形，无色透明，进入土壤后再侵染根部。三龄、四龄幼虫为膨大的囊状或袋状，并有尾尖突，寄生于根结内。

卵：椭圆球形或略呈肾脏形，大小（0.07 ～ 0.13）微米 ×（0.03 ～ 0.05）微米。藏于棕黄色的胶质卵囊内，1 个卵囊内有卵 100 ～ 300 粒。

1.3 侵染循环

根结线虫主要以卵或二龄幼虫随肿瘤、根结遗留在土壤里，或直接在土壤里越冬，一般可存活 1 ～ 3 年。越冬后的二龄幼虫在土壤温度适宜时开始活动，直接侵入根部。线虫在寄主根结或根瘤内生长发育至四龄，雄虫与雌虫交尾，交尾后雌虫在根结内产卵，雄虫钻出寄主组织进入土中自然死亡。根结内的卵孵化成二龄幼虫，离开寄主进入土中，生活一段时间重新侵入寄主或留在土壤中越冬。土壤、病苗和灌溉水是传播的主要途径。

2 氰氨化钙日光消毒防治蔬菜根结线虫技术

近年来，国内外专家学者发现具有众多优点却被人们冷落的药肥——石灰氮，是当前生产中解决土壤连作问题一种极好的生产资料。石灰氮又称乌肥或黑肥，主要成分为氰氨化钙（$CaCN_2$），商品石灰氮颗粒剂为黑色，pH 12.4 左右，属于强碱性药肥，具有提高氮素利用率，改良土壤及防治土传病害等作用。目前，石灰氮在防治蔬菜根结线虫方面国内唯一作为农药登记的商品名为荣宝，制剂为 50% 氰氨化钙颗粒剂。

2.1 荣宝日光土壤消毒防治土传病害的原理

（1）荣宝杀菌原理　荣宝施入土壤后，在土壤中与水分反应，先生成氢氧化钙和氰胺，氰胺水解形成尿素，最终分解成氨，直接供植物吸收；与水反应生成的液体氰胺与气体氰胺对土壤中的真菌、细菌、线虫等有害生物具有杀灭作用。

（2）荣宝日光土壤消毒技术灭菌原理　高温季节将荣宝与土壤充分混合，然后灌水覆膜，可以达到生态与环保型化学杀菌的效果。一方面，利用荣宝分解得到的液体氰胺和气体氰胺能起到杀菌的效果。另一方面，由于土表薄膜封闭覆盖，夏季太阳光照射可提高土壤温度，起到热力灭菌作用；在有水存在的条件下，高湿增加了高温杀菌的效果；如在温室土壤内混入稻草、秸秆等未腐熟有机物，荣宝分解时产生的氰胺液可促进稻草的腐熟，而稻草腐熟的过程中又会产生热量，可使土壤较长时间保持较高的温度，使土壤中的病原菌和根结线虫及虫卵等在较短时间内失去活性，达到良好的防治蔬菜土传病害效果。

2.2　荣宝日光土壤消毒防治根结线虫田间操作方法

（1）选择时间及清除田间残留　选择6～8月夏季天气最热、光照最好的一段时间，将前一季蔬菜残留物清洁出温室或大棚。

（2）均匀撒施荣宝颗粒剂和未腐熟有机物　每亩施用铡成小段的稻草、麦秸或有机肥等有机物1 000～2 000千克，50%荣宝颗粒剂80千克，均匀混合后撒施于土壤表面（彩图5、彩图6）。

（3）深翻　用旋耕机等工具将有机物和荣宝颗粒均匀地深翻入土中（深度30～40厘米最好），为尽量增大荣宝颗粒与土壤的接触面积，以保证消毒效果，最好翻耕两遍（彩图7）。

（4）做畦　土壤整平后做畦。

（5）密封　用透明或无破损旧膜将土壤表面完全封闭，防止土壤水分散失、温度降低（彩图8）。

（6）灌水　从薄膜下往畦间灌满水，直至畦面充分湿润为止，但不能一直积水（彩图9）。

（7）密封温室　将温室完全封闭，持续15天左右，即可有效杀灭土壤中的真菌、细菌、根结线虫等有害生物（彩图10）。

（8）揭膜晾晒　消毒完成后翻耕土壤（应控制深度，以30～40厘米最好，以防把土壤深层的有害生物翻到地表），晾晒3～5天后方可播种或定植。

彩图5　撒施荣宝颗粒剂　　　　　　彩图6　撒施未腐熟粪肥

彩图7　深翻土壤

彩图8　垄上覆膜

彩图9　膜下灌水

彩图10　密闭温室闷棚

2.3　使用荣宝的注意事项

（1）荣宝分解产生的氰胺对人体有害，不得吸入体内。施用荣宝时需穿防护衣物，以免药肥接触皮肤，一旦接触，请用肥皂、清水仔细冲洗。操作前后24小时内不得饮用任何含有酒精的饮料。

（2）施用时要尽量防止荣宝粉末随风飞落到其他邻近作物叶片上，否则会产生药害，刮风天施用时更需注意。

（3）荣宝是强碱性肥料，可与有机肥、草木灰、过磷酸钙、尿素混合施用作基肥。不能与氨态氮肥（硫酸铵、碳酸氢铵及含硫酸铵、碳酸氢铵的复混肥）混用，否则易加快氨态氮的挥发，造成肥料的流失。

（4）荣宝有吸湿性，注意在阴凉、密闭、通风和干燥处保存。

2.4 荣宝日光土壤消毒防治根结线虫的效果

在大棚中应用荣宝日光土壤消毒技术处理土壤，防治番茄根结线虫效果可以达到 82.77%。在消毒完成后或定植前用土壤添加剂如淡紫拟青霉制剂、阿维菌素、噻唑膦等对土壤进行处理，对其杀灭效果有进一步的增强作用。当荣宝每亩使用量在80千克时，结合太阳能对土壤进行为时15～20天的高温消毒，之后再用线虫高效防治制剂处理，对蔬菜根结线虫的防治效果可以达到90%以上。

灭菌、除草、防线虫，全能选手威百亩为您解决后顾之忧

近年来，随着我国设施蔬菜产业的迅猛发展，单位面积的土地利用率越来越高，蔬菜土传病虫害日趋严重，导致保护地蔬菜植株矮小、僵苗、死秧等问题不断，严重影响蔬菜生产。然而，传统的土壤熏蒸剂因成本高、烦琐操作及环保等原因，使用受到限制。现和大家分享一款高效、低毒、无残留的环保型土壤熏蒸剂——威百亩。

威百亩作为一种低毒高效的土壤熏蒸剂已有50余年的使用历史。50多年来，威百亩由于防治谱广、效果好、价格低而得到广泛应用，先后在世界近20个国家登记和使用。2002年威百亩在我国开始登记使用，近几年在部分保护地土传病害严重的地区应用面积逐年增加。

中国农业科学院蔬菜花卉研究所菜病综防课题组于2011年对威百亩日光消毒防治土传病害技术进行了系统的研究，明确了处理温度、土壤含水量、揭膜晾晒时间、施药方式等因素对消毒效果的影响，改进了施药设备，现将其技术原理和操作步骤介绍如下。

1 威百亩日光消毒技术的杀菌原理

1.1 威百亩灭菌原理

威百亩在浓水溶液中稳定，稀水溶液中不稳定。威百亩药液与土壤中的水分接触后发生化学变化，分解出异硫氰酸甲酯，它是实际起熏蒸作用的有效成分，在适当的土壤环境条件下，能够有效杀灭土壤中的真菌、细菌等有害微生物，同时对线虫、地下害虫有较好的防治效果，还可以杀死田间杂草种子，起到除草的效果，最终异硫氰酸甲酯完全降解，不会对作物产生不良影响，在作物及果实中无任何残留。

1.2　太阳能日光消毒灭菌原理

在密闭的环境下（土表地膜覆盖，日光温室密封或者二者兼具），利用炎热夏季太阳能日光照射提高土壤温度，在高温高湿的作用下杀灭土壤中的有害微生物，起到土壤消毒的作用。

1.3　威百亩日光消毒技术灭菌原理

综合运用上述两种消毒灭菌技术，充分结合药剂杀菌与太阳能消毒的作用特点，利用夏季高温天气及异硫氰酸甲酯的灭菌效果，实现土壤的环保消毒处理。

2　威百亩日光消毒技术的防治对象

（1）土传真菌病害　主要包括猝倒病（瓜果腐霉 *Pythium aphanidermatum*）、立枯病（立枯丝核菌 *Rhizoctonia solani*）、枯萎病（尖镰孢菌 *Fusarium oxysporum*）、黄萎病（大丽花轮枝孢菌 *Verticillium dahliae*）、菌核病（核盘菌 *Sclerotinia sclerotiorum*）、疫病（疫霉菌 *Phytophthora* spp.）、十字花科根肿病（芸薹根肿菌 *Plasmodiophora brassicae*）等病害。

（2）土传细菌病害　主要包括番茄溃疡病（密执安棒形杆菌 *Clavibacter michiganensis*）、番茄青枯病（青枯劳尔氏菌 *Ralstonia solanaceearum*）等病害。

（3）线虫　主要包括根结线虫（*Meloidogyne* sp.）、胞囊线虫（*Heterodera* sp.）、茎线虫（*Ditylenchus* sp.）等。

（4）土壤害虫　主要包括蝼蛄、蠕虫、蛴螬、蚂蚁、甲虫、白蚁等。

（5）杂草　大多数一年生和多年生杂草。

3　威百亩日光消毒处理技术的操作步骤

（1）选择时间，清除残留　选择夏天（7～8月）天气最热、光照最好的一段时间，将前一季蔬菜残留清除出温室或大棚，防止造成二次感染（彩图1）。

（2）灌水　将温室或大棚土壤整平后灌水（可在翻地前3天灌水），既使土壤充分湿润，又要保证水分下渗后能用简单机械（如旋耕机）作业，使土壤相对湿度达到30%～50%（彩图2）。

（3）深翻　施药当天用旋耕机深翻土壤（30～40厘米为好），尽量增加土壤的通透性（彩图3）。

（4）施药　根据田间生产条件推荐大水冲施或滴灌用药，将滴灌管均匀铺设后（彩图4），在滴灌管外覆膜（彩图5），通过施肥器将威百亩施到田间（彩图6），仔细检查柱子周边、地膜接口处，防止土壤水分散失、温度降低及跑气漏气。密封时间为10天。如果消毒期间赶上连阴天可以适当延长密封时间。

（5）闷棚　日光温室或大棚条件下，为达到更好的消毒效果，在地面覆膜以后将所有风口闭合，使棚内温度迅速升高，增强消毒效果（彩图7）。

（6）揭膜晾晒　消毒完成后揭膜（彩图8），用旋耕机深翻土壤（应控制深度，20～30厘米最好，以防把土壤深层的有害微生物翻到地表），晾晒7～10天，做畦，播种或定植作物。如果掌握不准，可以先播种少量小白菜种子，确保正常出苗再播种或移栽。

彩图1　及时清理病残体

彩图2　提前灌水

彩图3　深翻土壤

彩图4　铺设滴灌管

彩图5　滴灌外覆膜

彩图6　滴灌施药

彩图7　闷棚

彩图8　揭膜晾晒

4　使用过程中应注意的问题

4.1　注意事项

（1）该药在稀溶液中易分解，使用时要现配。

（2）不能与含钙的农药如波尔多液、石硫合剂混用。

（3）不可直接喷洒于作物，每季最多使用1次。

（4）地温10℃以上时使用效果优良，地温低时熏蒸时间需延长。

（5）施药时穿长衣长裤及戴手套、眼镜、口罩等，不能吸烟、饮水等，施药后清洗干净手脸等。

（6）清洗器具的废水不能排入河流、池塘等水源，废弃物要妥善处理，不能随意丢弃，也不能做他用。

4.2 急救治疗

（1）皮肤接触　立即脱掉被污染的衣物，用肥皂和大量清水彻底清洗受污染的皮肤至少15分钟。

（2）眼睛溅液　应立即翻开眼睑，用清水冲洗 10～15 分钟，再请医生诊治。

（3）一般中毒　应立即离开施药现场，心脏活动减弱时可用浓茶、浓咖啡暖和身体，并送医院对症治疗。

（4）误服　应立即催吐，使用 1%～3% 单宁溶液洗胃，严重时应携带药品标签送病人到医院诊治。

5　威百亩日光消毒技术的突出优势

一方面，威百亩作为一种低成本的土壤熏蒸剂，具有广谱的使用范围，一次处理后可以同时起到杀菌、杀虫和除草的效果；另一方面，太阳能日光消毒技术充分利用了太阳能来提高地温，不需要额外的燃料投入，是一种环保节能的土壤消毒技术。

6　威百亩日光消毒技术的局限性

威百亩日光消毒技术的关键是必须有充裕的太阳光照和高温的地域条件以保证土壤的"高温环境"，而且处理时间较长，可能会影响当年作物的复种指数。同时国内的许多设施条件不能满足机械作业的需要，人工施药效率较低等原因导致威百亩的推广使用具有一定的局限性，因此在施用方法上还有待于进一步研究，以达到理想的施用防治效果。

7　威百亩日光消毒技术的应用前景

随着设施蔬菜的蓬勃发展，单位面积的土地利用率越来越高，长时间种植单一作物带来了严重的蔬菜土传病虫害危害。传统的土壤熏蒸剂因高成本、烦琐的操作以及环保问题等原因急需新技术替代，威百亩日光消毒技术充分利用了药剂的杀菌原理及太阳能消毒的特点在蔬菜土传病虫害防治方面具有较大的优势，随着我国农业由传统手工劳作向机械化操作的不断转变，威百亩作为低成本、高效、安全的土壤熏蒸剂必将在我国蔬菜土传病虫害的防治中发挥越来越重要的作用。

古老的"粉剂"如何在设施蔬菜生产中重新焕发青春

近年来大面积发展的设施蔬菜栽培，由于其环境密闭，导致棚室内湿度过大，而病害的发生往往喜欢高湿的环境，因此湿度控制成为设施蔬菜生产中的关键技术环节。湿度控制不好常常导致病害的暴发，给菜农的生产造成重大损失。现在病虫药剂防治普遍采用的喷雾法不仅劳动强度大、费工费时，还会人为地增加棚室内湿度，致使病害控制不住，越防越重，形成恶性循环，特别是阴雨天极易造成病害的迅速流行。虽然烟剂的使用在一定程度上可解决上述问题，但是，由于烟剂加工对原药要求较高，不是所有的原药都可以加工成烟剂。因此，生产中急需新的施药方式，来解决这一问题。

弥粉法施药可较好地解决上述问题，但传统粉剂喷用粉量较大，喷施后会在植株表面留下明显的附着物，且施药过程烦琐，施药器械落后，不适于大面积应用。在传统粉剂基础上研发出来的新型微粉剂，因改进了加工工艺和施药机械，施药方法简洁、高效，喷施后植株表面不会有附着物存在（彩图1），防治谱更加宽广，因此在设施蔬菜病害防治中将越来越发挥重要的作用。

彩图1　新型微粉剂施药后叶片干净

微粉剂是将农药有效成分、填料、助剂经粉碎混合制得的一种供喷粉防治植物病虫害的粉状制剂。其粒度很细，喷出后，粉粒能在空气中悬浮很长时间而不会很快下沉，利于药剂在植株冠层中较好地扩散、穿透，从而在植株各个部位均匀的沉着分布，实现较高的防效。

1　国内外粉剂的应用现状

相对其他剂型的快速发展，粉剂发展的速度缓慢。传统的粉剂市场已逐渐被一些新的剂型所取代，近年来国内外商品化的粉剂品种单一，仅在局部地区、部分作物上有一定的使用面积。

日本在20世纪90年代初期登记注册了多种农药粉剂，这些粉剂大部分是以杀虫剂为主的低浓度粉剂，如3%乙酯杀螨醇粉剂、3%二嗪农粉剂、1.5%毒虫畏粉剂及3%杀螟腈粉剂等，这些粉剂有效地防治了田间害虫的泛滥，不过由于田间的开放环境不利于粉剂的喷施，已逐渐停止使用，目前仅有敌百虫等杀虫粉剂在小范围内使用。

农药粉剂在我国的应用也经历了由兴盛到衰退的一个过程，目前登记和使用量最大的是异丙威粉剂，主要用于防治水稻的飞虱和叶蝉。其次是硫黄粉剂，主要用于防治橡胶白粉病。粉剂在蔬菜病害上的登记较少，目前还在有效状态的产品有2个，分别为10%硫黄·百菌清粉剂和5%百菌清粉剂，用来防治保护地黄瓜霜霉病。由于现有登记品种单一，防治谱窄，因此在市场上与其他产品缺乏竞争力，未得到大面积应用。

2　粉剂发展的限制因素

2.1　粉剂的环境污染问题

限制粉剂发展的最重要因素是其飘散问题，尤其在大田应用限制因素更大。大田环境下因田间气流的影响，使粉剂很容易随气流而向上作升腾运动，导致粉粒在大气中扩散，造成环境污染。

2.2　施药后影响植株外观

传统粉剂因受加工工艺所限，粒径较大，在空气中弥散效果不好，为保证药剂的分散均匀，必须要增大喷粉量，这就导致喷粉后在叶片和果实上留下粉状附着物，影响植株的外观及产品的商品性。

2.3　施药器械落后影响工效

传统粉剂多采用丰收-5型和丰收-10型手摇喷粉器，由于转速低，喷管处的风速小，导致喷出效果不好，而且射程较短，在大面积应用时影响工效。

3　保护地专用微粉剂的研究

3.1　保护地专用粉剂的应用现状

农药微粉剂是在农药粉剂基础上发展起来的。随着设施蔬菜的发展，我国保护地的面积逐年增加。近年来，针对温室大棚等保护地所设计的一种粉尘法施药技术取得了显著的效果和效益。20世纪90年代初期，中国农业科学院植物保护研究所开展了保护地蔬菜病虫害喷粉法施药技术研究，开发了系列粉剂，并在全国范围内进行试验推广，取得了显著的经济效益和社会效益。这项技术取得成功的主要原因是因为保护地这种独特的封闭环境，能够很好地利用粉粒的运动行为特性，在粉尘法所规定的施药条件下，即便棚膜有较大面积的破损，细粉也不会越出棚室，不会造成棚室外部空间的环境污染问题，粉剂的优点又得到了有效的发挥。但该系列粉剂因品种单一，施药机械简单，防治对象较少，已不能满足生产的需求，加之新型农药的推广应用导致微粉剂应用逐年减少，目前在保护地蔬菜病害防治中已难觅踪影。

3.2　新型微粉剂的研究

新型微粉剂在传统粉剂的基础上，进一步优化配方和加工工艺，使其具有更好的喷出效果和在空气中的悬浮效果（彩图2）。并与现代农药加工工艺结合，丰富了粉剂的种类，针对保护地蔬菜常见病害开发了系列微粉剂。与新型微粉剂配套使用的精量动力弥粉机，具备高效、节能、易操作等优点，两者配套使用在保护地蔬菜病害防治中表现出良好的防治效果，对保护地作物常见的黄瓜棒孢叶斑病、瓜类霜霉病、蔬菜灰霉病等顽固型病害的防治效果达到85%以上，在设施蔬菜生产中具有较好的推广应用前景。

彩图2　新型微粉剂在棚室内扩散均匀

3.3　新型微粉剂的特点

（1）不增加棚室湿度　新型微粉剂在施药过程中不需用水，施药过程不会增加棚室湿度，克服了常规喷雾施药法用水量大，人为增加棚室湿度，造成病害易于发生和流行的缺点。

（2）工效高　新型微粉剂施药减轻了菜农的劳动强度，改善了劳动条件。施药机械操作简单，省时、省事、省工，提高了工效。以70米长日光温室为例，整棚施药仅需3～5分钟。

（3）农药利用率高　采用新型粉尘法施药，由于药剂分布均匀，不增加棚室湿度，农药有效利用率较传统喷雾施药提高20%以上，降低了农药使用量，减少了农药对环境和蔬菜的污染程度。

（4）施药后不影响商品性　新型微粉剂加工工艺精良，颗粒细小，在空气中具备良好的悬浮性。传统粉剂每亩喷粉量为1 000克，而新型微粉剂喷粉量每亩为300克，仅相当于传统粉剂的1/3，因此施药后不会在植株上留下粉状附着物，对蔬菜产品的外观无任何影响。

（5）施药后粉粒在叶片上润湿性好　新型微粉剂在加工过程中采用了新型助剂，施药后粉粒在叶片表面的水中具有较好的润湿性，分散均匀使药剂可以更充分地接触靶标，提高药剂的利用效率。

（6）药剂品种丰富　新型微粉剂解决了传统粉剂品种单一的问题，针对保护地蔬菜主要病虫害可形成系列化病虫害防治微粉剂，扩大了粉剂的防治范围，丰富了粉剂的品种。

4　弥粉法施药防治设施蔬菜病害技术

4.1　弥粉法施药技术

（1）喷粉器的调整　将精量动力弥粉机按照使用说明组装完毕，根据使用说明检查各部件使用功能（彩图3）。

（2）喷粉前棚室的准备　喷粉前把棚室的通风口关闭，检查棚室的塑料薄膜，尽量确保棚室的密封效果，如果棚膜有小块破损对粉尘无影响（彩图4）。

（3）喷洒方法　根据病害种类选择药剂（彩图5），药剂于混药袋混合均匀后加入精量动力弥粉机内，从棚室最里端开始，操作人员站在中间过道上，摇动喷粉管从植株上方左右两侧喷粉，边喷边后退，直至推到大棚门外，把门关上。日光温室内喷粉，同样从温室的最里端开始，操作人员站在过道上，面向南进行喷粉，不需要进入行间，边喷粉边退，行进速度为每分钟12～15米，直至退出门外，关好门（彩图6）。如退出后发现药粉尚未喷完，可把棚室一侧的棚膜打开，从开口处将余粉喷入。

（4）喷粉时期　粉尘法施药应遵循"预防为主、综合防治"的植保方针，应在病害发生前或病害发生初期开始施药，根据病情每隔7～10天喷1次，可以有效控制田间病情指数，节省用药，起到事半功倍的效果。

（5）喷粉的适宜时间　选在傍晚进行喷粉操作，趁闭棚前棚内能见度高的时候喷粉，这样方便操作，喷粉结束后即可放下草帘或保温被。晴天的中午应避免喷粉，因为在强光高温下叶面温度升高，粉粒在叶片上的沉积率较低，阴雨天全天均可喷粉。

（6）最适喷粉量　不同作物、作物不同生长时期、栽培密度不同，作物的叶面积指数不尽相同，喷施相同剂量的微粉剂，药剂在作物叶片上的附着量也会不同。所以为了达到更好的防治效果，喷粉法施药要充分考虑作物叶面积指数，否则就会出现由于施药量过大造成药害或由于施药量不足造成防效不佳。实际应用过程中应根据微粉剂使用说明进行操作。

（7）施药要点及注意事项　喷粉时必须把粉剂均匀地喷到棚室的空间，不宜把喷粉管直接对准作物（彩图6），以防损害作物；喷粉结束2小时，待粉尘完全沉降后打开棚室的门及风口通风后，方可进入作业；操作时应遵守农药安全操作规程，要求穿长袖工作服，佩戴风镜、口罩及防护帽，工作结束后必须清洗手脸及其他裸露体肤，工作服也应清洗后备用。

彩图3　手持式精量电动弥粉机

彩图4　施药前关闭风口

彩图5　根据病害种类选择防治药剂

彩图6　倒退施药喷粉口高于作物顶部

4.2　弥粉法施药主要防治对象

（1）真菌病害　主要包括灰霉病、霜霉病、白粉病、蔓枯病、棒孢叶斑病、炭疽病、黑星病、早疫病和晚疫病等为害严重的真菌病害。

（2）细菌性病害　主要包括黄瓜细菌性角斑病、辣椒疮痂病和番茄细菌性斑点病等为害严重的细菌性病害。

5　新型微粉剂的应用前景

由于新型微粉剂在施用过程中不增加棚室的湿度，施药过程简便、快捷、高效，提高了农药利用率，施药后不影响植株外观，且不污染环境，因此新型微粉剂必将在保护地蔬菜病害防治方面具有广阔的应用前景。